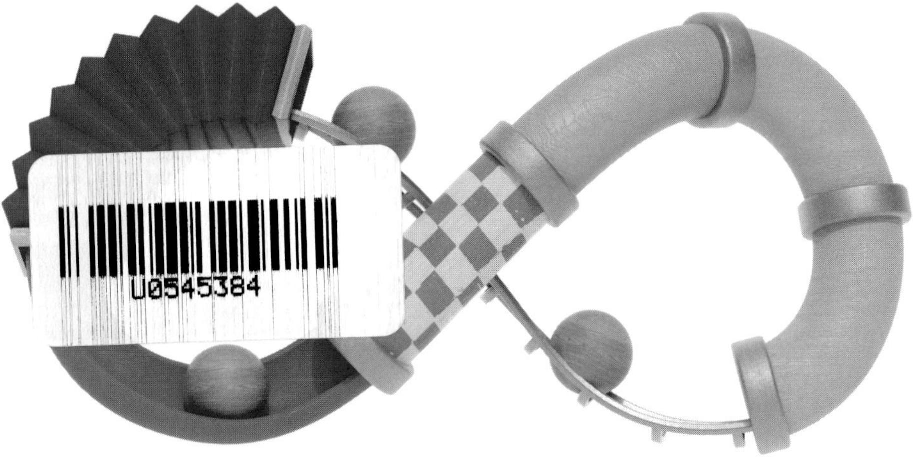

微軟創新解密

成立半世紀的科技巨頭，
從Xbox到Bing的策略布局
與進化之路

The Insider's Guide to Innovation at Microsoft

迪恩・卡里南Dean Carignan、
喬安・加賓JoAnn Garbin —— 著
謝明珊 —— 譯

目錄 CONTENTS

這本書獻給所有勇敢追夢的人。

我們相信，創新就是在創造價值，所以我們拚盡全力，想寫出一本配得上這個定義的書。我們希望，這本書會一直放在你桌上，伸手可及，就像一本你珍藏的參考書，充滿了劃線、筆記、摺頁、星號、問號，甚至驚嘆號！願你能從中找到一兩個工具，親自實際應用。我們最大的期望，就是激勵你勇敢去創新，哪怕只有一點點都好。我們已經迫不及待，想跟你分享微軟的故事，也感激你願意花時間，一起來探索這些。

讓我們一起前進吧！

魯道夫・狄塞爾（Rudolf Diesel）曾談到該如何區分構想、發明與創新：

點子的誕生，是創意思考最美妙的一刻；一切看似都可能實現，因為還沒有跟現實交集。

執行的過程，是為了準備各種資源，來幫助點子實現；這依然充滿創意，令人愉快，是一段克服種種障礙的時光；縱使失敗，也能百煉成鋼，鬥志高昂。

上市的過程，才是最困難的階段，要對抗愚蠢與嫉妒、冷漠與惡意，還要面對暗中的阻力，甚至公開的利益衝突。這是一場跟人性的搏鬥，縱使成功，也是痛苦的磨難。

——摘自《柴油引擎的誕生》（*Die Entstehung des Dieselmotors*），

一九一三年寫於柏林

推薦序

五十年創新的精彩花絮

大家談到「創新」，經常用一些籠統、模糊的詞彙，卻忽略背後真正推動它、維持它的力量。創新的動力，不外乎強烈的好奇心、豐富的想像力，還有樂觀的願景。但是再怎麼厲害的點子，一開始也只是個想法，不可能立刻影響現實世界。

好點子要變成創新，必須有一個靈活應變、提供支持、鼓勵學習的組織，讓那些有潛力的提案和計畫，有機會受到認可和培養。唯有整個組織從上到下都鼓勵創新，從員工到高層都願意投入，創新才有可能實現。

我在一九九三年加入微軟（Microsoft），當時我的AI新創企業剛被收購，我在史丹佛大學（Stanford University）的博士研究也接近尾聲。作為一個年輕創業家，最怕的就是進入大公司後，團隊的創意火花會逐漸熄滅。我們成立微軟第一批ＡＩ研究團隊，我記得我對共同創辦人說過，我們要努力維持創新的精神，把微軟當成「我們的新創企業」，現在回頭看，我們真的做到了。

過去三十年，微軟經歷多次的創新，我親眼見證，也親身參與。我在微軟研究院（Microsoft Research）待過各種高階職位，現在是微軟的科學長（Chief Scientific Officer），一路上我跟三位執行長、數不清的高層、工程師和研究員共事。我可以很有自信地說，微軟對創新的承諾不曾動搖，從創立初期就扎根了，一直延續至今。

微軟連續五十年，始終維持快速創新的步調，絕對值得深入的研究。這本書提供大家難得的機會，深入探究微軟是如何孕育劃時代的產品與服務。這對於科技從業人員當然特別有價值，但魅力不僅於此，書中分享的經驗，其實各行各業都用得上。

本書兩位作者，分別是迪恩·卡里南（Dean Carignan）和喬安·加賓（JoAnn Garbin），都擁有豐富的創新經驗，有很多見解和收穫可以分享。卡里南的職涯跨足多個產業，光是在微軟公司就待了二十年，參與過Xbox之類的策略計畫，也支援微軟研究院的ＡＩ計畫，目前是在微軟科學長的辦公室，統籌一些尖端的專案。加賓的創業經驗剛好介於永續發展與科技之間，過去十五年來，跟大小企業合作過。她專門研究創新人士的成功經驗，幫助個人與團隊找到最適合的實踐方法。

這兩位作者各有所長，為本書提供更立體的視角和分析。精彩的案例研究連番上陣，帶領讀者回顧微軟五十年的創新歷程，見證那些重大的突破。他們收錄迷人的創新故事，展現微軟團隊如何把握機會、克服挑戰，並且透過廣泛的研究與訪談，揭開偉大成就的幕後花絮。

這不只是一本好看的故事書，介紹微軟的重大成就，還整理了許多創新的寶貴經驗，各行各業都用得上。不管你是科技迷，還是單純喜歡學習新知識，你看了這些故事和反思，肯定會有所啟發，激發更多靈感。

艾瑞克・霍維茲（Eric Horvitz），微軟首席科學長

二〇二四年七月寫於美國華盛頓州，雷德蒙（Redmond）

前言

說服比爾・蓋茲投資十億的團隊

想像一下。

現在是二〇〇〇年，你在微軟工作，要負責開發電玩遊戲主機。如果我說這個專案苟延殘喘，還算抬舉它了，因為苟延殘喘至少代表勉強活著吧？但你做出來的原型機爛透了，就好像用膠帶和口香糖黏起來一樣，何時會正常運作，全看它的心情。大家都認定你們會失敗，不只是競爭對手和遊戲圈的人，就連微軟公司的人也看衰你們。你的團隊小得可憐，時間也超級緊迫，只剩下不到十八個月的時間，就要把根本不存在的平台推向全球，這種事情換成索尼（Sony）和任天堂來做，至少也得花五年。

現在，你還要坐下來，面對比爾・蓋茲（Bill Gates）和史蒂夫・鮑爾默（Steve Ballmer），這兩位可是全球最強勢、最成功的科技領袖。你手上只有一份初步的企劃案，必須直視他們的眼睛，堅定地告訴他們：「我不使用微軟的旗艦作業系統。」這不是普通的決定，而是直接違背蓋茲的要求，所以你必須說服他們。Windows系統用在辦公環境無可挑剔，但如果拿來玩遊戲，實在太笨重、太緩慢，不符合玩家的需求。

事情還沒完。

接下來，你們團隊還要跟微軟高層力爭到底，包裝上絕對不能出現微軟的標誌，只要掛上這個牌子，你們想建立的形象會直接破滅。微軟這個名字，只令人聯想到隔間辦公室、刺眼日光燈，還有千篇一律的辦公園區。微軟只代表行事曆、試算表、電子郵件還有文書處理，這一切跟遊戲的自由和冒險根本沾不上邊。

更誇張的是，前陣子蓋茲才公開宣布，微軟公司的重心是軟體，其餘的都是干擾。坐在你對面的人，比任何人都清楚軟體是低成本、高利潤的產品，硬體剛好相反，成本超高，利潤卻少得可憐。事實上，遊戲公司通常是賠本賣主機，希望之後賣遊戲把錢賺回來。結果你卻堅持，想贏的話，就只有自己做遊戲主機，別無選擇。不僅如此，你甚至不使用微軟現有的電腦硬體，打算從頭打造全新的主機。什麼成本效益？先別管！想吸引玩家，就得從頭開始設計與打造每一個細節。

換作一般公司，你們整個團隊應該會被保全架走，一路押到停車場，私人物品還被隨便丟進紙箱裡吧？重要的是，你們到底是怎麼說服蓋茲和鮑爾默，完全不顧邏輯和風險，心甘情願砸下十億美元？

這就是過去二十年來，團隊和產品一步步進化的故事。本書前半部收錄七個創新案例，Xbox就是其中之一。每一章分享一個獨特的創新故事，主角們各自面對不同的挑戰，努力闖出一片天。

單看每個故事，都是風格迥異的個案；但只要放在一起看，就可以歸納出四個創新模式，並在本書後半部深入解析，確認微軟到底是如何實現創新。微軟的創新，可不是幾天或幾年的事情，而是日復一日、年復一年，全員投入，貫穿每一個業務單位。

為什麼選微軟？為什麼挑現在？為什麼是我們來寫？

市面上有一堆關於創新的書籍，自從一九八五年彼得・杜拉克（Peter Drucker）出版《創新與創業精神》（*Innovation and Entrepreneurship*，至今依然實用）。到了最近幾十年，成千上萬的書籍都在探討創意、解決問題和團隊合作，比如《創新的兩難》（*The Innovator's Dilemma*）、

《從零到一》（*Zero to One*）、《精實創業》（*The Lean Startup*）、《策略轉折點競爭優勢》（*Seeing Around Corners*），甚至像《正效益模式》（*Net Positive*）和《AI世代與我們的未來》（*The Age of AI*），這一類鎖定特殊議題的分析書籍。我們經常引用這些書籍，每一本都提供絕佳的框架、工具和經驗。

那麼，這本書有什麼不同？主要有兩個關鍵：題材和作者。

坊間大部分有關創新的書籍，主要淺談多家公司的創新模式，但這本書不一樣，只鎖定一家公司深入剖析。為什麼選微軟？首先，這家公司是全球最多元化的科技公司，涵蓋的領域極廣，從企業軟體、消費性電子產品，再到社群媒體和大型基礎建設。簡單來說，微軟這個母公司底下有好幾家子公司，既然隸屬同一個母公司，就可以適用同一個分析基準。

二〇二五年四月，微軟就滿五十歲。這五十年來，微軟只經歷過三位執行長：第一位是蓋茲，他是開拓者，夢想是「讓每個家庭、每張書桌，都有一台電腦」，現在這個目標大致實現了。第二位是鮑爾默，他不服輸，奉行「不惜一切也要贏得勝利」的策略，有時候反而讓公司吃了不少虧。第三位是薩帝亞．納德拉（Satya Nadella），他是改革者，他心裡很清楚，每項創新的基礎，其實是人與人的合作。這三位領袖帶領著微軟，走過三個不同的時代，展開無數的創新旅程，值得我們細細探索。

除此之外，微軟也是全球最有價值的公司之一，這個紀錄保持近五十年。這麼多年來，創新的挑戰與機遇，在同一家公司發生，這些條件相輔相成，讓微軟成為一塊沃土，孕育了創新研究，開展可行的實踐模式。

這本書之所以能夠進行深入剖析，有一個重要原因，因為作者本身就在微軟任職，這也是本書的一大特色。作者並不是旁觀者，而是微軟核心團隊的一員、是真正推動創新的人。他們親自帶領團隊、管理專案，捲起袖子，直接參與策略規劃與執行，他們走過的創新旅程，正如開場狄塞爾所描繪的那樣。

這本書的起點，其實是朋友之間的閒聊。雖然兩位作者的職涯路線完全不同，卻發現彼此有很多共通點。當時，卡里南已經在微軟待了十七年，算是在公司連續推動創新的人，對微軟的文化瞭若指掌，親身參與過許多創新團隊；而加賓加入微軟才一年，但創業資歷可不簡單，創辦過四家賺錢的公司，推出無數的產品和專案。兩人聊著聊著，開始分享各自的職涯經歷，結果發現他們遇到的挑戰大同小異，就連收穫也差不多。於是，聊了一年下來，他們越來越好奇，微軟到底是怎麼實現創新，最後歸納出三個核心假設。

微軟創新的三個假設

一、創新有一些不變的法則，無論哪個專案都適用。

兩位作者不禁懷疑，這些創新案例的背後，似乎有幾條主線貫穿其中。硬體重要，還是軟體重要？改良老產品，還是打造全新的業務，對創新的結果有影響嗎？他們覺得很值得深究。為了弄清楚答案，他們下定決心聊遍整家公司，從高層主管到年輕基層，通通聊了一輪。

二、這些不變的法則，對微軟每個人都很寶貴。

如果在微軟的創新歷程中，真的有些不變的法則，把這些經驗整理出來，對所有微軟員工都會有幫助。於是，兩位作者把自己的心得整理歸納，這樣未來同事發揮創意時，就不會迷失方向。他們一邊整理，一邊想著，這些心得說不定可以出書，直接發給微軟每一位員工。在他們心中，這就像一本創新的祕笈或食譜，也就是這本書的雛形。

三、這些不變的法則，不只適用於微軟，而是放諸四海皆準，對任何人和企業都同樣寶貴。

他們聽得越多，記錄得越多，才發現筆記寫滿的內容，根本跟科技本身無關，而是跟那些創造科技的人有關，其中有令人讚賞的管理典範，也有令人扼腕的決策失誤；有卓越的營運能力，也有重大的策略失誤。有嘗試，有錯誤，有成功，有失敗。不是每家公司都有微軟的資源和技術，但每家公司都有人。如今的環境瞬息萬變，公司能不能跟上時代，繼續蓬勃發展，完全取決於人的能力。換句話說，這本書不只是「微軟公司的創新攻略」，無論在哪個產業、無論公司是大是小，只要你想創新，這本書的經驗都可以派上用場。

七個創新案例研究

在外人看來，這本書提到的人物，大多是傳奇人物、業界名人、創新先驅。但是對兩位作者來說，他們都只是同事，每天擦肩而過，路過相同的走廊，泡咖啡的時候會碰面，車子就停在隔壁，一起坐在會議室開會。因為距離很近，讓作者有機會親身觀察。這本書主要的研究方法是訪談，訪談了非常多人，記錄第一手的回憶和觀點，忠實呈現每個人的親身經歷。然後，他們還仔細查證、比對事實，補充背景資訊，確保所有內容都是客觀的，最後彙整成七個案例研究，每個案例都從不同的角度切入，探討創新這件事。

Xbox：平衡BXT框架，培養創新文化

在一家以軟體為主、員工多達十二萬人的大公司，居然有一群人決定挑戰不可能的任務，打算做一台遊戲主機。Xbox團隊製作產品前，先做了一件事，那就是建立創新的文化。一開始其實很簡單，就是幾個沉迷遊戲的人，他們人生的重心就是玩遊戲。他們有共同的願景、共同的價值觀，對這個專案全心投入，有責任也一起扛。但後來團隊越來越大，Xbox高層開始驚覺，他們得想方設法，守護這種獨特的團隊氛圍。

他們打造出來的文化，到底有多堅強呢？堅強到讓微軟這家生產力軟體公司，毅然決然要進軍遊戲硬體市場。這種文化有多麼迷人呢？迷人到一年前對此不屑一顧的頂尖人才，最後都忍不住加入。這種文化又有多聰明呢？聰明到打敗那些經營數十年的遊戲巨頭，不僅改變整個產業的商業模式，還能不斷自我進化，讓Xbox一路成為全球頂尖遊戲品牌。

Visual Studio Code：從祕密小團隊開始，擁抱創新的兩難

不管你的市占率有多高、你的產品有多麼打動使用者的內心、思維和生活，改變還是會悄悄發生。市場會被顛覆，往往是出自競爭對手，或者帶著新點子的新創企業，又或者是你沒發現

的新趨勢。但如果這場顛覆，根本是公司在內部所精心策劃的呢？Visual Studio Code的創新歷程就是這樣的故事，一款專為網路原生開發者打造的程式碼編輯器，成功吸引新一代的開發人員，讓他們融入微軟的開發社群，跟微軟長年累積的Windows開發社群並存。這是自我顛覆的故事，也是一次整合式開發，打造雙贏價值。

Microsoft Office：善用策略設計，釋放更大價值

「東西沒壞就別修。」

「別浪費時間重新發明輪子。」

「穩定不就好了？不要沒事找事做。」

這種勸人維持現狀的老生常談，真是聽到膩了。二〇一八年，微軟Office創造三百億美元的營收，無論怎麼看，都已經遠遠超過「夠好」的標準。市場沒出問題、產品也沒老化，既然這樣，為什麼Office團隊還要接下這麼龐大的任務，重整這個全球最常用的生產力工具？更重要的是，為什麼他們還要重新思考內部結構，推翻行之有年的架構？Office創新的故事，講的是如何讓設計提早介入，從頭到尾凝聚內部共識，而且最後衡量成敗的標準，是看終端使用者有沒有真正受惠。

Cognitive Services：靠著極致協作翻身

二〇一六年，ＡＩ競賽趨於白熱化，當時大家都看好Google和亞馬遜（Amazon），認為這兩家公司穩拿冠軍。結果沒想到，微軟竟然會殺出重圍，一舉在ＡＩ科學家頭痛數十年的六大難題上，取得驚人的突破。

更神奇的是，創造這個奇蹟的團隊，資源並不豐厚，預算也不寬裕，而是一群年輕工程師組成的小團隊。他們的創新手法，正是極致的協作，串起七個不同部門的人才，打造出全新的產品類別，叫做ＡＩ即服務（AI as a Service）。如今這項服務已經是微軟最賺錢、最受重視的業務之一。

微軟研究院：發明與創新之間的橋梁

那些錯失研發機會的故事，所有企業早就引以為戒。比如，柯達（Kodak）研究團隊發明世上第一台數位相機，公司最後卻不採用。又或者，全錄（Xerox）的帕羅奧圖研究中心（Palo Alto Research Center），開發一系列關鍵的技術，結果卻是蘋果（Apple）和微軟拿去用，直接稱霸個人電腦市場。為什麼發明新科技的公司，到頭來卻難以實現創新呢？其他公司的實驗部門做不到，微軟研究院是如何做到的？更厲害的是，微軟研究院是怎麼平衡商業應用跟基礎研究，從現在的眾多企業中脫穎而出？

Bing：善用劣勢者的優勢

在微軟的歷史中，Bing就像現代版的大衛，對上巨人Google，但這次大衛的武器不是彈弓和石頭，而是零和一。當時，Google搜尋網站的市占率高達九〇%，簡直是巨人中的巨人。Bing的創新故事，不只是逆風翻盤，更是一堂策略角力的實戰。它向大家證明了，就算市場上強者環伺，挑戰者只要願意突破思考框架，從各個角度展開創新，仍有機會闖出一條路。

負責任的創新：動作快，但不能搞砸！

「動作快，搞砸沒關係」（Move fast and break things），這句話聽起來很酷，但其實是個爛建議。一旦關乎重大議題，舉凡個人隱私、環境影響，風險絕對會大到不值得冒險的地步。這些年來，微軟一直在精進技術，動作要快，但也不犧牲安全性、隱私權、無障礙功能、AI倫理和永續發展。雖然這些領域各有專門的考量，但都有一個共通點：負責任的設計，必須從第一步就開始，這樣的成果往往更好。

四大創新模式

這七個案例可以歸納出四個創新模式，提供我們新的切入點，開啟更多創新的討論。這四種模式統整起來，就是一套可複製、可擴展的創新實踐，不受時間、技術或產業的限制。

創新模式一：讓創新成為標準化日常

自古以來，偶爾會有出乎意料的顛覆性發明，就連發明人自己也沒想過。但問題是，奢望靈感會從天而降，根本稱不上穩定的商業計畫。

那該怎麼辦？答案是把創新變成刻意的流程，隨時可以複製。這是做得到的事情，因為很多企業都在做。微軟不只是鼓勵創新，微軟高層還希望創新能持續發生，所以建立一套清楚的語言、指標、工具和流程，讓創新成為日常的規律。

創新模式二：持續實現適應性創新

「只要做出更好的捕鼠器，全世界的人就會蜂擁而至。」真的嗎？恐怕沒這麼簡單。大家搶著買你的產品之前，你還得完成幾件事，確保你的發明真的能順利實現。第一，找到幫忙量產和組裝的製造商。第二，好好行銷產品，讓民眾知道它的存在。第三，最重要的是，趕快回去研發新一代的捕鼠器，否則競爭對手已經準備搶你的市場！

其實，發明的那一刻，往往不是挑戰的結束，而是挑戰的開始。無論團隊規模有多大、屬於哪個產業，創新者都走在一條熟悉的老路上：從無到有進行創新，後來被新產品或新公司取代，然後一切又重新來過。這個不斷調適的創新循環沒有終點，除非公司變得僵化，不願改變，最終被市場淘汰。這本書提及的每個微軟團隊都明白這個道理，所以從構思到成長再到成熟，會順應創新的各個生命週期，隨時調整步伐。每個階段有各自的挑戰和機會，分別需要不同的角色和技能，還要在關鍵的時刻，決定該不該轉型、加速或暫停。

創新模式三：用情感激發全體變革

創新要持續發生，除了釐清創新的過程，更重要的是洞悉人性。雖然我們總覺得自己是理性的，但說到底，人還是感性的動物。在團隊合作的過程中，歸屬感或成就感這類基本需求，往往是影響結果的關鍵。如果能跟利益關係人提早溝通、多交流、發揮同理心，你就會更快掌握他們的需求，找到快速推動創新的關鍵。這樣做還會減少阻力，把反對者變成你的擁護者。

但你要有心理準備，這是一場「全方位、跨領域、同步進行」的挑戰。你要兼顧研究、工程、設計、傳播，還要考慮客戶的需求。這項工作還有賴供應商、同事和高層的配合。這不只是內部的事情，還涉及第三方合作廠商，甚至整個大環境。幸好，這一條從無到有、進而成長的創新之路，已經有不少成熟的方法。而這趟旅程，要從情感下手。

創新模式四：超越技術的創新

俗話說，養一個孩子，需要整個村莊的力量。那麼，要讓創新的構想真正落實，就需要整條價值鏈（value chain）的配合，價值鏈的上游負責把點子變成可行的產品，下游要確保這個產品順利上市，還要讓客戶覺得有價值。

不管在哪個環節，一旦有團隊困在過時、僵化、毫無彈性的工作模式，就別指望會有創新的成果。但只要團隊擁有時間、空間和決策權來改善核心流程，一切就會開始改變。大家目標一致，獎勵正確的行為，建立長久的合作關係，蒐集優質的意見，更穩健地實現關鍵成果。這才是深層的創新！

這些也是實現成熟型創新（around the block innovation）的最後一塊拼圖。我們統整上述的概念，變成一套框架，叫做巴斯德—皮薩諾創新布局（Pasteur-Pisano Innovation Configuration），首度在微軟以外的地方公開。這就是本書的精華，只要運用得當，你的團隊會開啟全新的價值創造模式。

怎麼閱讀這本書？

你可以從頭開始細讀，也可以先讀創新模式，再搭配案例研究，建立完整的背景知識。或者，直接跳到你最感興趣的案例，甚至翻到各章最後，直接看重點整理。這本書隨處都是工具和洞見，還會提醒你跨章延伸閱讀。這是一場專屬於你的冒險，任你探索！

第一篇

讓微軟與眾不同的七個創新實例

第一章

Xbox：平衡BXT框架，培養創新文化

整個遊戲的世界，有龍與外星人，有星際戰士，還有充滿英雄、反派、勝利、犧牲的史詩級冒險，這就是一個視覺敘事的世界。在這些精彩故事背後，有一個難以捉摸、變化多端的概念，叫做文化，這會隨著環境而改變。

有些人認為，文化是公司舉辦的員工旅遊或團隊活動。對另一些人來說，文化是當代的藝術、音樂和時尚潮流。無論是在職場，還是在私人生活，文化說到底就是共同的價值、信念和行為。如果只是喊幾句響亮的口號，或者偶爾辦幾場活動，並無法建立什麼文化，文化是來自無數的互動，無論是在生活或工作，從我們使用的語言和圖像，到我們做出的決定，再到我們創造的事物，一點一滴累積而成。

當我們從文化的視角，來思考微軟遊戲業務的發展歷程，就會發現這背後有一套創新的工具和策略，可以複製和廣泛應用。微軟遊戲團隊從Xbox問世，在遊戲產業深耕二十多年，把熱情投注於遊戲、玩家、開發社群。別看他們只是在娛樂，他們對於如何實現這種娛樂，展現了極致的認真。微軟遊戲部門執行長菲爾．史賓賽（Phil Spencer）說過：「要做出最棒的作品，工作環境必須運作順暢。如果團隊內部的機制和文化出問題，一切都會卡卡的。」[1]

微軟遊戲團隊經歷了成功、挫折和轉型，我們來看看這一切是怎麼發生的吧！

Xbox：顛覆遊戲體驗的創新之路

Xbox的誕生，多虧了一群狂熱的玩家。他們不只是遊戲產業的從業人員，而是那種打電動打到廢寢忘食的人。這群人白天在公司埋頭設計Xbox平台，晚上下班之後，還會繼續賴在辦公室，一邊打遊戲，一邊交流想法和夢想，甚至連休息時間都在聊遊戲、研究遊戲。

他們真的超愛電玩。

這可不是蓋茲和鮑爾默決定投資的原因。事實正好相反，這兩位大老說到遊戲產業，有的不是熱情，而是戒心。一九九〇年代末，微軟幾乎壟斷了辦公領域，而索尼的電視、音響、PlayStation遊戲機卻占據每個人的客廳。當時的遊戲產業，一直走在數位革命最前線，需要最強大的處理器和最先進的技術。蓋茲和鮑爾默很快就驚覺，也許有一天，索尼的遊戲機不只可以打遊戲，還可以直接編輯文件，這對微軟來說，幾乎是生存危機。但是，就算微軟跨足遊戲市場，真的能扭轉局勢嗎？拜託！誰買遊戲的時候，會想找開發資料庫伺服器的公司買？更扯的是，誰會想跟Excel團隊一起開發遊戲？

結果出乎意料。這個點子引來一堆人。最頂尖、最聰明的遊戲產業人才，陸陸續續加入Xbox團隊，一開始三三兩兩，然後成群結隊，最後是幾百人一起湧入。說真的，這些頂尖人才會加入，才不是因為Xbox文化！說到早期的Xbox文化，套句內部人士羅伯特・巴赫（Robbie Bach）的話，簡直就像「擠滿失控樂迷的搖滾派對」。真正讓Xbox崛起的勢力，其實結合了兩股熱情：一是對遊戲的狂熱，二是對軟體開發的執著。

當時的微軟，對遊戲市場可說是一竅不通，但身為作業系統和軟體公司，對軟體開發再熟悉不過了。微軟熱愛開發軟體，而且超愛打造開發工具（參考本書談到Visual Studio Code的第二章，和談到Cognitive Services的第四章）。

另一方面，Xbox團隊非常清楚，遊戲機要賣得出去，靠的不是主機，而是遊戲，這兩者結合之後，創新的基礎就有了；Xbox團隊決定以遊戲開發人員為導向，來打造這個遊戲平台。當時坊間的遊戲開發環境，大多又臭又長，難用至極，Xbox的介面讓遊戲開發人員脫離痛苦，終於可以專心講故事、塑造角色、打造極致逼真的遊戲世界。對於遊戲開發人員來說，Xbox不只是個平台，而是一個真正懂他們、能夠提供技術支援的合作夥伴。

這群狂熱的玩家，做出了一款產品，吸引其他狂熱的玩家。越來越多人才加入，持續改進Xbox，結果又吸引更多優秀人才，形成正向循環。大家都熱愛遊戲，所以團隊的步調一致，持續推出領先業界的創新。

比方說，Xbox團隊當時推出了Xbox Live（後來改名為Xbox Network），這是訂閱制服務，開放玩家透過網路連線，跟世界各地Xbox玩家對戰或合作，這在當時可是創舉，堪稱雲端遊戲和社群遊戲的起點。

大家要知道，Xbox Live是在二〇〇二年推出，那個時候的網路世界，最紅的社群網站是Friendster，全球只有三百萬使用者，Facebook要等到二〇〇四年才問世！[2] AOL是當時最熱門的網站。一般人每天上網的時間，平均只有四十六分鐘，而且八〇%還在使用撥接網路。[3] Xbox也剛剛起步，這種高效、創新、遊戲至上的文化，自然而然就形成了。但隨著Xbox的規模越來越大，領導團隊意識到，這種文化還需要刻意經營。

Xbox 360：讓遊戲事業真正成熟

第一代Xbox出師告捷，主要歸功於創業元老的實力，還有他們對玩家體驗的極致追求。後來，Xbox團隊持續進化，第二代主機Xbox 360誕生了，這次是來自兩個文化變革。

第一，領導階層刻意轉向盈利與擴大規模。從創業階段到業務成長，這是所有創新的必經之路，否則產品可能會永遠停留在小眾市場，甚至被競爭對手淘汰，變得毫無存在感。

第二，建立更成熟的組織架構與流程。有越來越多的人才加入Xbox，包括各行各業的人，像是音樂人、電影人，還有微軟其他部門的同事，管理階層很快就意識到，如果要讓所有人發揮所長，就必須打造一個更有組織力的團隊。

當然，領導階層也知道，文化不可能說變就變。Xbox高層巴赫就直接說了：「要改變文化，一定要從領導人做起，就這麼簡單！」所以，領導階層開始大刀闊斧改變高層的工作方式。

第一步，就是把業務單位經理（Business Unit Manager，BUM）掃地出門！

當時的微軟，每一個業務單位（BU），都是由「業務單位經理」負責，大家都想當，這樣就可以擁有自己的團隊，還能掌管自己的損益表（P&L）[4]。但問題來了，這種各自為政的模式，不利於Xbox各部門之間的合作，不可能實現「一加一等於三」的願景。怎麼解決呢？

把整個Xbox團隊合併成一個損益表，由巴赫一人管理，大家都是一個團隊。這個決策的影響有多大呢？當時Xbox團隊裡面，有一位公認最有價值、最受人尊敬的高階主管，直接選擇離職，但其他高層並沒有挽留他，因為他們深知，領導階層的每一個行動，都會塑造文化。

還有另外一個大變革：高層決定把決策權交給第一線的團隊。他們先制定一套清楚的原則，把整個團隊依據不同領域進行編組，接著讓這些團隊自己決定方向。結果呢？底下的團隊很快就適應了，反倒是高層比較慢適應，足足花了十八個月的時間，才真正戒掉過去的習慣，從原本那種掌控和指揮，變成引導和支援的風格。

等到大家都習慣新模式，Xbox團隊就順利起來。偶爾還是會意見不合，但大多是建設性的討論。原本像擠滿失控樂迷的搖滾派對，現在取而代之的是有條有理的業務討論。團隊的成功，不再靠少數幾個高層主導，而是仰賴整個團隊的集體智慧。

結果怎麼樣？

Xbox 360比起前一代，完全躍升一級，擁有各種前衛的功能，徹底在數位時代占有一席之地。最明顯的突破，就是跟當時提供DVD租借服務的Netflix簽下獨家合作。Xbox 360頓時變身家庭娛樂中心，Xbox 360使用者隨時可以觀賞Netflix大量的電影。

後來，Xbox 360又推出全新體感周邊裝置Kinect，結合語音、攝影機和動作感測器，讓玩家擺脫複雜的搖桿按鍵，這對休閒玩家來說，無疑是天大的福音。Kinect上市短短六十天，居然就賣出八百萬台，還創下消費性電子產品的最快銷售速度，列入金氏世界紀錄！[5] 更酷的是，Kinect語音控制技術，在當時可是前衛的黑科技，為往後的智慧音響、語音遙控器、智慧恆溫器，以及無數的電子裝置打下基礎。

有了這些創新，再加上Xbox 360友善的開發環境，硬體規格也是當時市面最強，二〇一〇年榮登美國使用率最高的遊戲機，奠定微軟在遊戲產業的地位。[6]

BXT：創新成功的框架

等一下我們就會聊Xbox團隊翻車的故事，但這裡先回顧一下，為什麼前面兩個階段能成功呢？我們用BXT創新框架來分析，這是由Xbox前期創意領袖J・艾拉德（J Allard）命名的。BXT分別代表商業（Business）、體驗（Experience）、技術（Technology），這是任何產品團隊都必須重視的面向。把這三者想像成一個三角形，就能把各種情境具象化。

這裡說明幾個重點。

第一，這三個元素不太可能完全平衡（形成等邊三角形）。反之，通常會有一兩個元素特別受到重視，但做了這樣的選擇，就會影響產品的形態和結果。

第二，現在市面有很多類似的框架，只是用詞不太一樣，比如可行性（feasibility）、需求性（desirability）、存續性（viability），或者加上其他面向（像是策略地圖的四個視角）。事實上，BXT這個名詞，已經不是Xbox內部的專用術語，但這種精神依然深植於Xbox的基因裡。

第三，我們喜歡BXT這個框架，其中一個原因就是它的「角度限制」。三角形的內角不會超過一百八十度，如果優先考慮其中一個角，勢必會影響其餘兩個角。

Xbox還在草創階段時，特別重視X（體驗），B（商業）也有兼顧，好讓高層願意繼續支持Xbox，T（技術）則完全為體驗服務。

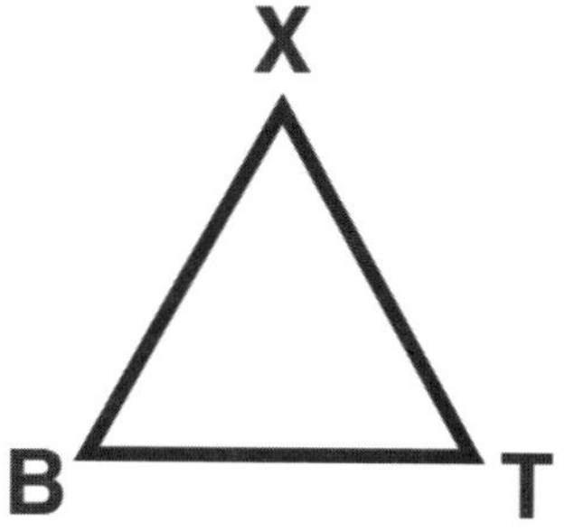

圖 1.1　BXT 框架：平衡狀態

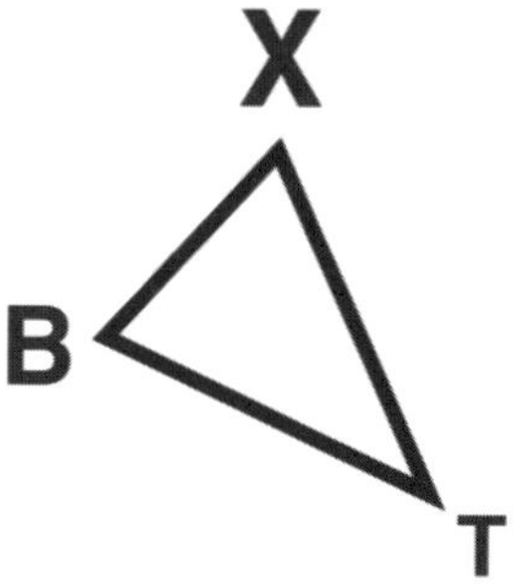

圖 1.2　BXT 框架：以體驗為重

Xbox到了成長階段，就變成以B（商業）為核心，希望產品更賺錢、更有規模。但即便如此，X（體驗）也不可以打折，T（技術）則同時為商業和體驗服務。

後來，BXT卻陷入失衡。

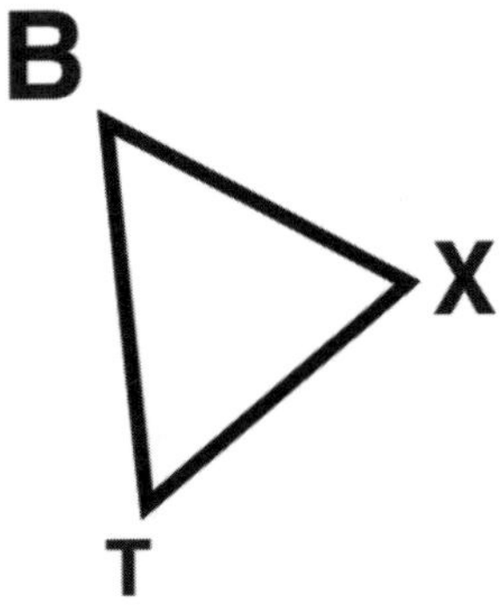

圖 1.3　BXT 框架：以商業為重

Xbox One：災難級的發表會

我們問到Xbox團隊最大的轉捩點，受訪者不約而同提到Xbox One那場發表會，還痛批那是一場災難：「我們完全沒在聽市場的聲音。」「我們失去了核心玩家。」「簡單來說，就是把事情搞砸了。」

雖然Xbox One有許多功能大受歡迎，但在二〇一三年五月的產品發表會，玩家們的反應慘不忍睹，說得客氣一點，就是不怎麼熱烈。最大問題不是外觀設計，也不是產品規格，而是銷售方式！微軟當時決定，Xbox One主機跟下列幾樣東西一起賣，包括新一代Kinect感應器、一整套娛樂功能（像是電視直播、音樂串流等），以及「常時啟動，常時連網」（Always On,

Always Connected）的設定。整套賣四百九十九美元，比Xbox 360貴了兩成。問題是，玩家根本沒有選擇權。

結果呢？玩家大崩潰，直接轉投索尼陣營。當時PlayStation 4只賣三百九十九美元。[7]

問題不只是價格。微軟認為Kinect很創新，但問題是，它主要瞄準親子玩家和健身族群。那些沉迷於《質量效應》（*Mass Effect*）三部曲、《最後一戰三》（*Halo 3*）、《異塵餘生》（*Fallout*）的玩家，怎麼會放下高強度戰鬥，去玩《Kinect迪士尼樂園大冒險》（*Kinect Disneyland Adventures*）或者《舞動全身》（*Dance Central*）這種體感遊戲？他們根本不會用Kinect，微軟卻強迫他們買單，讓許多核心玩家心生反感。

「常時啟動，常時連網」的功能，也是一大問題。微軟的立意良善，希望讓玩家的生活更便利，這樣所有遊戲都可以存到主機裡，不用一直換光碟，等遊戲載入。但問題來了，這是一套數位版權管理（DRM）系統，為防止盜版，微軟規定主機要隨時連網，結果沒想到，玩家不能再隨便借遊戲給朋友，也不能再購買二手遊戲。

最後，微軟瘋狂強調Xbox One是全方位的家庭娛樂中心，技術雖然厲害，但是卻讓玩家覺得，微軟是不是不在乎遊戲了？簡單來說，微軟過度強調B（商業）和T（技術），結果把X（體驗）拋在後頭。

Xbox One慘敗之後：重建玩家信任

玩家們的負面反應，來得迅速猛烈，徹底打醒了整個團隊。當時負責Xbox 工程部門的卡里姆．喬德里（Kareem Choudhry）回憶起那段時間：「我們已經搞砸了，唯一的出路，就是做出令玩家滿意的東西，挽回這一切。」[8]

於是，微軟決定換血，請來新的領導團隊由史賓賽掌舵，他之前領導過微軟的遊戲工作室，而且是超級熱血的玩家，在業界有口皆碑。史賓賽想起Xbox One 帶給他最大的教訓時說：「Xbox One發表會有一套很完整、說得頭頭是道的企劃，例如為什麼要進軍（娛樂）市場。從簡報看起來完全合理，但問題是這個計畫根本沒有回應玩家的需求、疑問或期待，說穿了，這只是我們自己想要的方向，或者說我們只想著產品營收和擴大市場。」

Xbox One發表會搞砸後，大家可能以為，微軟會大刀闊斧砍掉一堆高層。但事實上，新領導團隊反其道而行，決定打造一個可以承擔風險、允許失敗的企業環境。他們很清楚，如果一

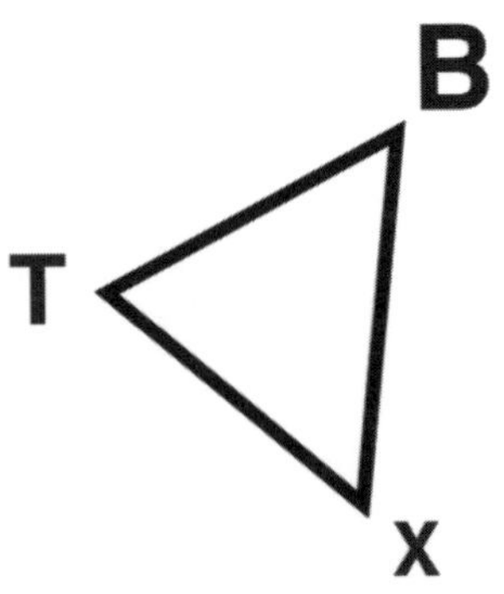

圖 1.4　BXT 框架：失衡狀態

失敗就開除，那微軟的創新文化也會隨之陣亡。所以，為了跟大家解釋，高層特地召開一場全員大會，公開承認錯誤，說自己當初帶錯方向。這等於給團隊一個機會，一起面對失敗的痛苦。大家辛苦好幾年，好不容易讓Xbox One上市，對這個產品充滿驕傲，結果卻是慘敗。團隊共同消化這份痛苦，重新站起來，團結一心。這也是為什麼三年後推出的Xbox One S，以及四年後的Xbox One X，還是出自同樣一批人。他們帶著過去的教訓，設計出更成熟的產品。

全員大會之後，Xbox高層決定親自出面，跟玩家面對面交流。例如，他們開始接受訪問，變得超級活躍，現身社群媒體跟玩家互動，甚至也開始玩遊戲，直接跟玩家、遊戲開發人員對話。他們想盡辦法，修復公司內外部的信任關係。這再度顯示，文化的改變來自行動，而非口號，微軟徹底改變組織的運作方式。

如果是在過去，遊戲主機軟體更新可是一件大事，一年頂多兩三次，每次更新都承受莫大的壓力，非要一次做到完美，因為一旦出問題，玩家要等上好幾個月，才可能迎來修正。Xbox領導團隊決定打破這種模式，加上一個安全閥：改成每月更新。這有什麼影響呢？這代表團隊不用一次就做到完美。如果真的有漏洞，最多一兩個月就能夠解決。縮短更新週期，團隊可以做更多小實驗，放心測試自己的構想，不用擔心浪費好幾個月的心血，大大提升心理安全感，大家就更願意創新了。

這次的改變，也包括更完善的玩家回饋系統，如此一來，Xbox團隊在日常討論和決策時，就會優先納入BXT三角形的X（體驗）。微軟官網特地設立「玩家意見區」（user voice），讓玩家提交建議，其他玩家還可以投票，支持自己贊同的意見。這等於幫團隊列出一份玩家許願清單，每次更新後，便能立刻知道大家的反應。新功能上線後，大概三十分鐘之內，團隊就能知道玩家對新功能的意見，但如果玩家不喜歡，負評的速度會炸得更快。

某一天，團隊看到論壇上的熱門留言：「我買了新的Xbox主機，為什麼不能玩老遊戲？」這確實是個大問題。在當時，玩家如果想在新主機玩老遊戲，就只有一個辦法，那就是重買新版的遊戲。換句話說，升級主機不只是換硬體而已，還要放棄整個遊戲庫，一切從零開始。回顧當時的遊戲產業，主流觀點就是這樣子，大家覺得沒必要向下兼容，反正沒人想玩老遊戲，更何況技術的難度太高，簡直是不可能的任務。

但是喬德里沒有放棄，他回憶：「一開始，公司高層大多反對這種做法，但我們還是硬著頭皮推進。現在回頭看，大家都覺得這是理所當然的功能，可是在當年，反對聲浪真的超級大！」

Xbox團隊不活在自己的同溫層，而是認真聆聽玩家的需求，然後真的去做。二〇一五年，微軟宣布Xbox遊戲一律都能免費向下兼容，這個消息一出，玩家歡聲雷動，[9]這也成為Xbox

團隊擺脫Xbox One慘敗陰影的轉捩點。

Game Pass：顛覆遊戲銷售模式

距離Xbox One發表會已經十年了。這段時間裡，團隊收到玩家無數留言，開了無數次直播，直接跟玩家交流，始終堅持遊戲至上的理念。如今，全球有三十億人在行動裝置、個人電腦、遊戲主機和雲端平台玩遊戲，幾乎占了全球人口的四成。[10]這些遊戲出自各種規模的遊戲開發公司，有一人工作室，也有員工上百人的大型公司。為了滿足不同的玩家和遊戲開發人員，Xbox要不斷創新，挑戰自我，甚至比競爭對手更拚。

Game Pass就是很好的例子。當初Xbox高層決定裁撤業務單位經理，徹底改變遊戲工作室的運作方式，Game Pass也同樣徹底顛覆遊戲的銷售模式。過去玩遊戲，玩家必須一款一款買，但現在只要訂閱Game Pass，每個月支付最低月費，就能夠玩到遊戲庫中的上百款遊戲，涵蓋所有平台。這等於聚焦於BXT三角形的X（體驗），玩家能夠以前所未有的方式，盡情探索更多的遊戲。

對遊戲開發人員來說，Game Pass也是好處多多。小型工作室有更多曝光的機會，來自更龐大數據流與更廣泛玩家的回饋也會增加，收入也比單次賣斷更穩定了。老遊戲還能持續賺錢，加上追加下載的內容（DLC），讓玩家付費擴充遊戲的體驗，外加其他遊戲內購買項目，也是新的營收管道。[11]

雖然Game Pass帶來很多好處，但就如同Xbox前期那些顛覆性的創新，一開始也不是所有高層都看好。回顧Xbox的商業模式，一向是賣遊戲、賣主機，Game Pass突然出現，很多人擔心會毀掉整個生意。這種擔憂再合理不過了，就像喬德里說的：「Game Pass打破了創新的兩難。」他認為成功的關鍵，是因為微軟有一批高層，願意給小火苗足夠的燃燒時間，看火苗會不會燒成熊熊烈火。

這就像當初推動向下兼容，史賓賽再度看見Game Pass的潛力，給團隊足夠的時間和支持，付諸實現。他也分享自己對冒險嘗試的管理哲學：「如果我在這家公司，不效法新創企業的思維，我等於沒有盡到本分。像微軟這種企業，光靠遊戲部門一〇%的成長是不夠的。我們必須做真正影響全世界的事情。」

當然，微軟確實有足夠的資源，來點燃許多創新的火苗，但更重要的是，要有遠見和紀律，一旦發現某個專案行不通，也要果斷放手。比方我們訪談的時候，史賓賽身後的架子上，就擺著一台從未問世的遊戲主機。雖然團隊花了大量的時間開發，外型簡約，效能強大，差不多符合預期的標準，但只是差不多，還不夠完美。最後，它的價格無法壓在合理的範圍，所以決定不發售。但是團隊從那台主機學到很多經驗，然後繼續向前走。

有Game Pass這樣的成功案例，但也有許許多多的專案，曾經投入心血，但最後無疾而終。對他們來說，成功和失敗的故事一樣重要，不只是嘴上說說而已，而是透過行動來展示團隊文化——成功值得慶祝，失敗也同樣有價值。

創新的關鍵，其實是文化

在《創新生態圈》（*The Innovation Biome*）這本書，前微軟員工庫瑪・梅塔（Kumar Mehta）提出一個有趣的觀念，叫做「背後的關鍵」（thing behind the thing）。簡單來說就是，他主張最有價值的創新，往往不是顯而易見的產品，而是背後沒那麼明顯的系統。他舉例說明，如果輪子沒有輪軸，還能轉動嗎？那麼輪子和輪軸，哪一個更難發明？[12]

Xbox高層後來發現，文化才是創新的「輪軸」。從本章的例子來看，他們在每個關鍵時刻，總會刻意調整內部文化。Xbox One發表會慘敗之後，象徵著團隊邁向全新的時代，從此以後，文化管理的策略地位，就跟商業管理一樣重要。

第一步，把文化創新納入正式的職責，交給喬德里的幕僚長茱莉安娜・提奧安達（Juliana Tioanda）來做，她同時主導組織內部的策略。接著，提奧安達找來凱特・盧（Kate Luu），擔任Xbox首位文化總監，一〇〇%專責處理文化轉型的事務。特別的是，這兩位不是人資出身，只有產品開發的背景，所以在改革企業文化的做法上很不一樣，就好像在開發產品一樣：先設身處地去理解，接著定義問題，提出想法，做出原型，再進行測試。

Xbox的新人入職計畫，就是很好的例子。這個活動每季舉辦一次，讓新人有機會跟Xbox高層、資深員工一起交流。在這些互動式課程中，新人不只會內化Xbox的精

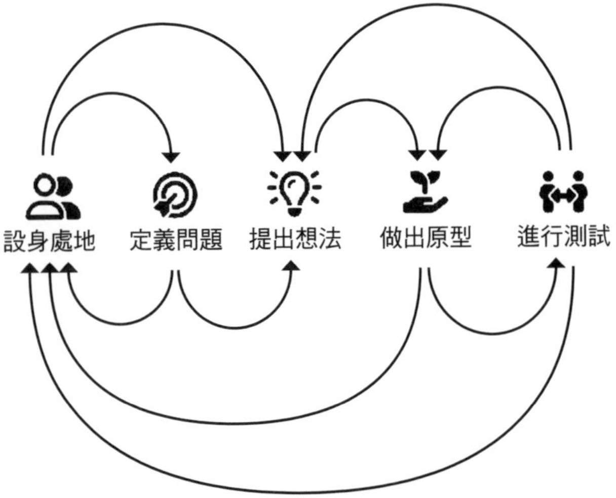

圖 1.5　設計思維：非線性流程

神，學習團隊的核心價值和歷史，還會聽到過去犯過的錯，以及這些錯誤帶來的收穫。這個計畫的目標很明確：從入職之初，就幫助新人認識Xbox的行事準則和決策邏輯，確保新人可以立刻適應，找到歸屬感。

這個計畫最早是在五年前試辦，由提奧安達和盧兩人統籌，當初只有五十人參加。經過不斷改良和調整，現在參加人數逼近七千人，甚至包括微軟外部的商業夥伴。它經過特殊的設計，確保團隊裡每一個人，都懂得歡迎和肯定不同背景的新觀點，這一直是Xbox成功的關鍵。因此，Xbox改變招聘的思維，以前只找適應企業文化的人，現在更重視豐富企業文化的人。

除了新人入職計畫，Xbox團隊還引進一種管理工具——目標和關鍵成果（OKR），這會協助個人與組織聚焦主要目標，協調團隊的努力方向，並持續追蹤成果。不過，這套方法並非一用就會成功，提奧安達和盧推動OKR時，經歷無數次調整，終於找到適合組織的方法。提奧安達回憶：「我們花了整整兩年的時間，總算讓OKR真正實踐。創新就是要不斷推進，而不是追求完美，所以我們學會了，把重點放在進步，而不是一次做到完美。」

目前在Xbox的團隊裡，有許多文化計畫正在進行中，分別處於不同的發展和執行階段，還有一批推動團隊文化的成員。此外，Xbox還特別成立文化委員會（Culture Council），每個月開會一次，協調彼此的策略，激盪新的點子。如此有組織、有紀律，Xbox團隊在做任何重大決策時，才會更有信心，比如二〇二三年收購動視暴雪（Activision Blizzard）。

這場收購案的新聞頭條，幾乎一面倒強調「遊戲庫整合的價值」，但是對Xbox團隊來說，更重視「人力整合的價值」。這正是Xbox創新文化的核心。重點不是把產品整合，而是打造一個文化，凝聚多元的觀點和技能，激發更多的創意解決方案。

未完待續……

自從推出第一代Xbox，到後來收購動視暴雪，Xbox團隊這一路走來，不只是技術和商業模式的創新，更是一場文化變革。全球的遊戲市場持續成長，吸引數十億的玩家，微軟遊戲團隊堅持做文化創新，不僅奠定它的歷史地位，也確立未來的方向。這就是X（體驗）的力量！

創新關鍵

- **以體驗為重**：微軟遊戲團隊之所以成功，主要就是對遊戲的熱情，然後把這份熱情轉化，去追求極致的玩家體驗。然而，微軟也是科技掛帥的公司，要這樣一直把體驗放在心上，可不是一件容易的事。就像提奧安達說的：「我們就是科技公司，大家習慣從BXT的T（技術）出發，這情有可原。但我觀察到，我們現在能更快跳脫T（技術）的視角，轉向X（體驗）和B（商業）。」

- **每個層級都勇於嘗試**：這一路走來，Xbox最重要的文化就是勇於嘗試，無論成敗，團隊都會從中學習。整個團隊都不怕冒險，隨時會參考回饋和結果，做一些靈活的轉向或調整。喬德里說：「即使爬上高層，還是要有這種實驗精神，只是規模不一樣了。對工程師來說，實驗可能是寫幾行新程式碼，但是對遊戲業務的執行長來說，這是什麼概念呢？簡單來說，就是成立一個新部門，砸下數億美元，花三年的時間去實驗。如果最後行不通，那就要喊卡，換個方向再做一次。」
- **文化是「做」出來的**：Xbox一開始是「擠滿失控樂迷的搖滾派對」，後來變成有系統、有策略的組織，這整個過程說明了一件事：文化是活的，而且是成功的驅動力。這個故事也證明了，打造文化的流程，其實可以跟開發產品一樣，透過設身處地、定義問題、提出想法、做出原型、進行測試一步步實現。盧也提到：「我認為關鍵就在於前導計畫

（piloting），從小規模開始。大家總以為，文化變革一定要搞得很大，動輒影響整個組織。但是在Xbox團隊，我發現更有效的方法是小規模試行，先確認效果如何，從中學習經驗，再慢慢擴展。」

作者筆記

卡里南的感想

二〇〇九年，我剛加入微軟的遊戲部門，這個部門已經成立快十年，整體的氛圍還是像極了新創企業：敏捷、快速、極度講究玩家的體驗。更厲害的是，即便到了今天，這種感覺依然沒有變，這大概是我最佩服Xbox的地方了！二十多年了，還能夠維持創新的動能。

做創新，其實很累人，要不斷關注市場變化，掌握使用者最新的偏好，緊盯競爭對手的動作，以及新技術的突破等。當企業拚命開創新局，也是有風險，可能會不小心從創新變成發明，只顧著推出新東西，卻忘了這對玩家到底有沒有幫助，這正是當年Xbox One發表會的問題。當時團隊太在意技術的突破，反而忽略這些新功能對核心玩家的意義。不過，幸好Xbox「使用者至上」的文化已經深耕多年，基礎並沒有崩壞。整個團隊很快就發覺問題，迅速調整方向，但即使如此，這場風波對玩家的影響，仍持續了好幾年。

說到這個案例，還有一點很重要。微軟遊戲部門的創新方向一直在調整，從主機硬體到連網遊戲體驗，再到雲端遊戲，最近更發展到商業模式創新，比如推出Game Pass服務。每一次轉型都不輕鬆，有時候其實很痛苦，但是這些變革非做不可，因為玩家的需求一直在變。這也驗證之後會提到的「創新模式二：持續實現適應性創新」。一個真正能創新的組織，必須能夠一次次適應變化，才能成功轉型。

加賓的感想

我特別想強調兩點。第一，Xbox創業團隊從頭到尾堅持自己的願景，沒有為了討好高層而讓步。他們的目標是打造最棒的遊戲平台，帶給玩家和遊戲開發人員最棒的體驗。他們選擇相信自己的專業，從零開始設計，而非直接套用Windows作業系統，或者微軟現有的技術。更重要的是，他們確實很聰明，沒有光說不練，而是馬上做出原型，證明自己的願景可行。如果當初的團隊選擇妥協，或者只是嘴上說說「相信我們，一定做得出來」，但沒有拿出實際成果，今天可能就不會有Xbox這個故事了。

幸好，Xbox真的做到了，從這段經歷獲得許多寶貴的經驗，這就是我想說的第二點。Xbox團隊還有很多精彩的故事，無法全部寫進這一章。不過，我們會盡量把這些發現，收錄到第二篇討論創新模式的章節，其他延伸內容會收錄到官方部落格（www.innovationatmicrosoft.com）。

這裡我想特別分享史賓賽說過的話：「創新的時候，我不需要一大堆觀眾，我要的是選手。如果你想上場比賽，我們就一起來拚，但你必須每天都在場。如果你只想看熱鬧，等比賽開始，我再通知你，但現在還不是觀賽的時候。」

就是這種心態，讓團隊能夠安心創新，真正做出突破。

第二章

Visual Studio Code：從祕密小團隊開始，擁抱創新的兩難

班傑明・富蘭克林（Ben Franklin）說了一句名言：「這世上只有兩件事是確定的：死亡和稅收。」奇怪的是，他明明是個發明狂，發明過一堆東西，包括游泳蛙鞋、雙焦眼鏡、避雷針、美國郵政系統，居然沒想到「顛覆」這件事，也是擺脫不掉的宿命。

不管你的市占率有多高，不管使用者對你的產品有多死忠，市場變化總是說來就來。市場會被顛覆，往往是出自競爭對手，或者帶著新點子的新創企業，或者是你沒發現的新趨勢。但微軟 Visual Studio 的故事完全不同，這個團隊看到市場趨勢，甚至順勢而為，把它變成自己擴展業務的機會。

這個案例告訴我們，除了要有策略眼光，還要持之以恆，才能真正成功。一開始是微軟高層夠敏銳，察覺市場變革的趨勢。接下來是做兩個關鍵決策，帶領團隊走上正確的道路，這條路，他們已經走了十一年，從零開始，然後在市場占有一席之地，最後成為市場龍頭。[13]

我們從頭開始說起吧。

二〇一一年，Visual Studio已經是開發Windows PC應用程式的主流工具。它就像一把瑞士刀，開發人員需要的功能一應俱全。不過，隨著網路原生的應用程式越來越普及，例如Facebook、YouTube、LinkedIn，新一批開發人員就誕生了。這群人的期待和需求很不一樣。新一代開發人員習慣自組更簡單、更專精的工具，用來寫程式、測試和處理其他任務，不太用Visual Studio這類通用開發工具，甚至很多人根本沒在用Windows電腦。

這時候，故事要說到斯科特．格思里（Scott Guthrie）和傑森．贊德（Jason Zander）。這兩位都是在微軟任職二十年以上的資深主管，富有創業精神。他們很清楚微軟的優勢與機會，但更重要的是，他們看到一個正在形成的新市場，也知道微軟必須創新，才能夠服務這群開發人員。

格大（微軟內部都這麼叫他）和贊德沒有特別提到克雷頓．克里斯汀生（Clayton Christensen）的著作《創新的兩難》（*The Innovator's Dilemma*），但他們的做法卻剛好印證書中的重要觀點：老字號企業往往抗拒破壞性創新。克里斯汀生說過：「老牌企業之所以成功，是因為有一套成熟的決策機制和資源配置流程，但說來諷刺，這種機制也會拖住他們，讓他們排斥具有顛覆性的技術。」[14]這句話很重要，點出格大和贊德的平衡策略。

他們參考Xbox團隊的策略，成立一個新團隊，但有個關鍵的差異：新團隊沒有脫離原本的微軟開發平台事業部（Microsoft Developer Division，DevDiv），而是直接從內部孵化。這麼做有兩個好處，一方面可以安心創新，不用怕影響既有的產品和市場；另一方面新舊產品可以共享技術和經驗，相輔相成，一起變得更好。

從零開始，放手成長

接下來，他們要找到一位領袖，從零開始帶領這個部門成長。格大和贊德找上了艾里希·伽瑪（Erich Gamma）。這位是IBM的資深工程師，也是家喻戶曉的軟體工程師，更是連續創新的高手。他們發給伽瑪的邀請很特別，要他在微軟內部打造一個「隱藏版新創團隊」，唯一的要求就是，從這個嶄新市場吸引十萬名開發人員，讓他們愛上這個產品。他們沒有指定該怎麼做，也沒有規定速度，就連在哪上班也沒有限制。伽瑪這種人，當然不會錯過這樣的挑戰，於是Visual Studio Code（VS Code）團隊就在瑞士蘇黎世誕生了。

伽瑪找來一群共事過的夥伴，這些人跟他一樣，對這個挑戰感到期待。這個團隊成立後，前五年的工作節奏很快，但員工數成長很慢，每年最多只會招收一兩人。而且在這段期間，整個團隊就只有一個人待在微軟總部，也就是美國華盛頓州雷德蒙的總公司。

團隊基地設在蘇黎世，這對於前期發展來說，既是優勢，也可能是隱憂。一方面，瑞士和微軟總部有九小時的時差，工作日幾乎都可以專心開發，不用被總部的各種會議拖住。但另一方面，他們是新人，卻又跟總公司相隔千里遠，很容易受到忽略，所以克里斯・迪亞士（Chris Dias）的角色就很關鍵了。

迪亞士是待在微軟二十年的老將，也是當時唯一待在雷德蒙總部的人。他幫忙蘇黎世團隊擋掉總部的各種干擾，讓他們專心做事，同時在總公司內部幫團隊刷存在感。迪亞士深諳微軟的內部運作，知道要怎麼推動事情，知道如何在一家大公司裡面，守住小團隊的靈活度。

更重要的是，迪亞士的人脈超廣。團隊需要什麼人才，他幾乎都能在公司裡面找到。這也是團隊能維持小規模的關鍵，伽瑪和迪亞士一拍即合，兩人都認為團隊一定要小。為什麼呢？第一，小團隊更敏捷。第二，小團隊不容易扼殺創新，可以避開內部政治、官僚文化等。第三，在大公司裡面，小團隊更容易保持低調。團隊何時該在大組織曝光，對內部創業者來說，似乎

Ticino 專案：
現代、開放、跨平台的開發工具

Ticino 是微軟開發工具中的全新主力，不只要打造新工具，還要孵化完整的開發平台和生態系統。Ticino 這款開發工具（也就是 Ticino 工作台）可以在 Windows、OSX 和 Linux 運行，無論是平台設計或系列服務，皆可輕鬆對接更加開放的開發工具和生態系統。

在第一階段，我們會先推出 Ticino 預覽版，主要針對網路原生開發人員，方便進行跨平台開發、除錯，以及部署 Project K 和 Node.js 應用程式，還能夠支援跨平台的 .NET 元件，預計會在 Build 2015 開發人員大會及後續公開。

為什麼是 Ticino ？

我們的目標就是，讓微軟開發工具服務的使用者翻倍，但是在這過程中，既有的工具可能拖累我們，妨礙我們觸及新客群。

舉個例子，傳統開發人員會遇到的挑戰，網路原生開發人員也會遇到，只是日常的工作流程完全不同。這些人大多不會使用通用 IDE，而是會選擇更輕量化、專業化的工具，來完成開發、診斷和其他任務，例如：文字編輯器、瀏覽器內建開發工具、指令列工具、Web 版開發工具。而且，這一群開發人員裡面，很多人甚至不用 Windows 電腦寫程式！我們的研究顯示，他們其實想要更強大的程式碼編寫與除錯工具，但前提是不犧牲原本靈活的開發流程。

圖 2.1　Ticino 專案的策略備忘錄（催生後來的 VS Code）

是最重要的考量（參考第四章）。

這帶出這個案例的第二個重點：持之以恆。VS Code開發的過程，就跟這背後的團隊一樣重要。從第一天開始，團隊就訂下一個大原則：隨時為使用者（還有公司）創造價值。他們很清楚，就算有高層支持，想要在微軟內部站穩腳跟，就必須有快速穩定的輸出。

這就是為什麼團隊的座右銘是「不斷推出、不斷發布、不斷交付」。精確一點就是：「每個月都要交出優質的更新。」他們開會不是來閒聊，而是一起把事情搞定。不只是嘴上說說，而是直接帶著筆電進會議室，當場看程式碼、寫程式。這種做法的威力，從第一次發布就見真章，自從專案啟動到第一次產品上市，只花了三個月而已。五年後，威力更明顯，每月活躍使用者突破五十萬人。現在更是不言而喻，VS Code是全球最受歡迎的程式編輯工具，七成專業開發人士都在用。[15]

把規模從小做到大的團隊策略

VS Code使用者成長到五十萬人，但團隊依然很小，只有十個開發人員，迪亞士依舊是唯一待在總部的人。大家都知道這樣下去也不是辦法，這團隊也該擴編了。

第一個考慮的人選是軟體工程師凱・梅策爾（Kai Maetzel），幾年前曾在伽瑪手下當實習生。這兩人在幾家公司共事過，合作超過二十五年，默契好到不需要多費唇舌，就能夠理解對方的想法。最重要的是，他們對於產品開發的價值觀完全一致。梅策爾加入團隊後，必須在總部打造一支新團隊，又不能破壞原本的團隊文化，這等於讓團隊規模翻倍。他剛進微軟的九個月，就是在做這件事。

如果你有面試新人的經驗，或者接受面試的經驗，你應該很清楚，面試這回事，暗藏著挑戰和風險。有些應徵者面試時無懈可擊、說話得體，但是真正加入團隊後卻令人失望。有些應徵者不善言辭，但過了正式面試流程，真正開始工作，卻能完美融入團隊裡，成為不可或缺的關鍵人物。

VS Code團隊想出一套獨門的方法，來解決這個問題：每位準成員都要來公司參加「甄選」。這些應徵者直接跟團隊成員並肩工作，連續寫兩天的程式。這是什麼邏輯呢？VS Code團隊認為，這麼長的時間裡，沒有人能夠繼續偽裝真實的本性。兩天的時間夠長了，原本太過緊張的人，可以冷靜下來，當然也可以拆穿一些草包。

第一個半天，通常會當作適應期，幫助應徵者進入狀況，接下來壓力就來了。寫出來的程式碼必須夠好，就算這個人沒有被錄取，這段程式碼也要能拿給客戶用。兩天甄選結束後，雙方對彼此有基本的認識，未來幾個月或幾年一起共事會是什麼樣子，大家心裡有數，經過這種測試，雙方就能確認彼此是否合適。

並肩寫程式，也就是結對編碼（pair coding），梅策爾稱之為「一起動手做實實在在的事」。VS Code團隊做的每項決策，都是基於團隊的價值和目標。但如果只會背誦這些價值和目標，根本沒有用處，重點是把這些融入日常工作裡：怎麼在GitHub和X（以前的推特）回應使用者？怎麼開會？用詞和表達方式是什麼？

從書面來看，流程看起來差不多，但到底有沒有效，還是得看執行。這就像坊間各種育兒方式，關鍵在於何時介入、怎麼介入。對VS Code團隊來說，這些關鍵時刻，往往發生在例行內部檢討會。但他們開的檢討會，絕非制式的一對一談話。

還記得他們的面試流程嗎？應徵者要跟團隊成員一起寫兩天的程式，因此VS Code團隊的內部對談，首要目標也是共同協作。開發人員來開會，一定要帶筆電，開會不是來報告，而是要深入討論手上的工作。因為VS Code的核心價值是穩定交貨，所以每場對談的重點，都必須推動專案的進度。

這些會議的重點，不只是讓工作更順利，其實還有一個終極目標，那就是幫助每一位團隊成員成長和成功。如果有人提出很棒的想法，但執行起來不易，大家會幫助開發人員釐清思路。

因此，討論的重點會有幾個，包括：這個構想對使用者的價值是什麼？如何拆解成幾個階段，符合每月交付的節奏？團隊會一起簡化構想，找到最核心的價值，盡快把成果交到使用者手上。

這些做法展現 VS Code 團隊另一個核心價值：我們的產品，大家一起顧。在這個團隊，點子可能來自任何人。工程師會討論產品管理，產品經理也會寫程式。不管在什麼職位，都要輪流處理玩家敲碗的新功能，以及使用者回報的錯誤，每個月更換一次負責人。這麼做的目的，是為了讓每個人更加貼近使用者，真正理解使用者的需求。如此一來，全體都對產品有全盤的掌握。

後來，團隊乾脆開發一個機器人，幫忙做初步過濾，但團隊成員仍會親自跟使用者互動，查看問題回報和新功能提議。為了維持全局視角，

圖 2.2　VS Code 團隊的工作流程

每星期團隊都會召開規劃會議，一起檢視當月疊代的規劃和進度。

正因為團隊夠小（曾經一度只有十七人，卻要服務九百萬名使用者），才能建立和傳承共同的價值，最後形成一個重要的價值觀，叫做「跟使用者零距離」。既然團隊許下這個承諾，就會盡力清除團隊和開發社群直接互動的任何阻礙，以保證團隊能夠真正理解開發人員的需求，盡快把這些需求融入產品中。這樣的做法，不只讓團隊學會設身處地，使用者也能夠參與產品開發的過程。

自己的產品自己用！

「跟使用者零距離」這個原則，還有一個重點是，VS Code團隊要使用自己開發的軟體。這種做法在科技圈有個名號，聽起來挺古怪，卻很貼切，叫做「吃自己的狗糧」（dogfooding）。這其實是微軟自創的詞，最早是一九九八年微軟高層保羅・馬瑞茲（Paul Maritz）寫了一封電子郵件，標題就是「吃你自己的狗糧」（Eat your own dog food）。[16]他的意思很直接，如果希望客戶買單，員工自己也得用自家產品。

對VS Code團隊來說，吃自己的狗糧的意思，不僅是每個月更新一般使用者的版本，還要每天更新內部的版本，不僅團隊自己可以用，任何想搶先體驗的人，也可以一起來試用。為了鼓勵大家試用「內部測試版」，還特別設計一鍵切換功能，方便在內部版和正式版之間切換。跟資深使用者建立緊密的互動，VS Code團隊就可以在真實環境接受考驗，站在使用者的角度來審核產品。正是因為如此，他們很快就可以知道，什麼地方令人驚喜，而什麼地方令人想摔鍵盤。梅策爾自己也說：「成千上萬的使用者來自不同環境，這比任何測試方法都還要好，更能夠幫助我們發現品質的問題，如果真的有需要，我們幾小時之內就能修好。就連那些雜亂又瑣碎的細節，例如問題追蹤、開發規劃、測試流程、產品藍圖等，甚至內部設計會議，全都公開透明，大家都看得到。」

為了做到「跟使用者零距離」，VS Code還全力打造強大的開發人員社群，把這件事看得無比重要。二〇一五年，他們把社群合作和透明度提升到更高的層次，做了一個重大的決定，直接把VS Code開源，搬上GitHub，這是個全球開發人員都在用的平台，可以管理、儲存和追蹤程式碼。[17] VS Code團隊不只是開放軟體本身，就連未來的開發計畫、測試策略、每月的更新細節、產品藍圖，全部攤在陽光下。這種高度透明的做法，讓開發人員社群能夠真正參與，貢獻寶貴的意見。這充分證明他們不是光說不練，而是真正跟使用者站在一起，確保彼此之間沒有距離。

VS Code團隊一路走來，推出一個個更新，影響力遍及整個產業，乍看之下，他們似乎有預知未來的能力。但說到底，重點並不是找到正確答案，而是要懂得傾聽，從社群的討論之中，挑出那些最有啟發性的使用者建議，然後不斷改進，每個月持續更新，把這些想法真正做出來。這種持續回應使用者的做法，不只贏得好感，也讓他們更有參與感。

後來，VS Code越來越受歡迎，但團隊從來沒有鬆懈。反之，他們仍繼續關注使用者的意見，盡快推出有價值的功能，讓那批最早愛上VS Code的人，在這麼多年以後，依然熱情不減。伽瑪說過：「對我們來說，產品開發就是持續學習的過程。就算我們以為自己都懂了，可能也只是一知半解，所以我們的策略就是加快學習的速度。」

雖然學習是創新的核心，但團隊從來不把學習當藉口，而是準時推出有用、有價值的產品。十多年來，他們從未停止更新，每個月都準時發布更新，既穩定又優質，沒有一次例外！

這不是零和遊戲

Visual Studio和VS Code的關係，就好比Windows記事本和Microsoft Word。記事本很適合隨便列個清單，或者到處複製一些文字暫存。但如果要寫碩士論文，肯定不會選它，這時候就該使用Word。Word功能齊全，專門用來寫正式文件。你一天之內，可能兩個程式都用得到，也可能只使用其中一個，但很難說誰能完全取代誰。

微軟有兩個類似的開發工具，分別是Visual Studio和VS Code，目標客群有點類似，但是並不重疊。管理階層的挑戰是區隔兩款產品，但仍要相輔相成。

微軟開發平台事業部總裁潘正磊（Julia Liuson）就是這樣想：「這兩個團隊的優勢正是同屬一個部門。」微軟開發平台事業部擁有Visual Studio、VS Code、GitHub及其他開發工具，因此從一開始，這個團隊就盡量讓Visual Studio和VS Code共用程式碼。例如這兩款產品都支援C++，只是用法不同：如果是做Windows作業系統開發，主要用Visual Studio；但是做Linux或跨平台開發，通常偏好VS Code。該部門成立一個專門的C++團隊，負責開發擴充功能，讓這兩款產品可以共享程式碼和資源，提高開發效率。

功能共享聽起來不錯，但這條路很容易走偏，搞不好會讓兩款產品的定位模糊，甚至損害各自的價值。因此，打從一開始，就必須針對使用者釐清策略。管理階層決定要讓Visual Studio和VS Code擁有各自適合的客群和使用情境，這樣才能吸引並留住客群。他們並沒有讓兩款產品互相競爭，而是精心布局，讓彼此互惠共生，確保這兩款產品同步發展，一起成功。

再來是資源分配，當然也會造成團隊衝突。不過，潘正磊秉持著成長思維（growth

mindset），因此她和團隊都相信，好點子可以來自任何地方。要落實這個理念，不可以只是嘴上說說，還要在制度和行為中實踐。其中一個做法就是把所有新點子都稱為假設。

所謂假設，就是還要經過驗證的東西。最後測試的結果，可能會證明它是對的，但也可能證明它行不通，但無論結果如何，至少會學到經驗。團隊選擇假設這個詞，而不是點子，這會減輕分享新點子的負擔，不用擔心風險太大。反正你分享的只是一個假設，即便受到質疑，也不覺得別人在質疑你的能力或專業，而是在幫你驗證和改進。這樣一來，大家就會更願意盡快提出假設，讓團隊有更多機會一起合作和學習。

微軟開發平台事業部就是這樣子運作。每年舉辦兩三次「迷你提案會」，這不是正式的簡報，而是隨興的討論。團隊會提出自己的假設，再開放大家提問，透過這樣的對話，高層會判斷這個構想有沒有足夠的初步驗證，主要的衡量標準是能否真正滿足客戶的需求。

還有一個問題，大家很早就在問：「為什麼要微軟來做？微軟這家公司真的最適合開發這樣東西？這真的是微軟擅長的事嗎？」因為有些構想，其實更適合讓新創企業、合作夥伴，或其他企業來做。這要看情況，有些情況確實最適合微軟來開發；但有些情況，微軟還不如投資其他公司，例如投資OpenAI，或直接收購已經做出成果的公司，比如GitHub。

如果有個專案通過審核，只會先由少數的全職人員，先驗證這個假設。與其他只撥出部分工時讓員工創新的組織不同，開發平台的高層認為，要從零開始打造一個新產品，員工得全神貫注才行，這不是兼職就能搞定的事。這種模式跟新創公司一模一樣，當年VS Code也是這樣起步的。

創新關鍵

- **擁抱創新的兩難**：每當有新客群出現，與其在現有的產品塞進新功能，還不如正視新客群的特殊需求，反而會催生真正創新和獨特的產品。
- **最重要的事，是為使用者創造價值**：想做出領先市場的產品和服務，關鍵在於能不能為使用者創造價值。潘正磊說過一句很精闢的話：「創新，就是做出改變使用者生活的東西。如果產品無法真正做到這點，那就稱不上創新，充其量只是很酷的構想罷了。」
- **建立可靠的合作夥伴網絡**：格大和贊德找來了伽瑪，伽瑪找來他的老搭檔梅策爾，還有最早一批開發人員。迪亞士善用自己在總公司的人脈，找各種資源來推動專案。文化和流程會有書面和實際的落差，書面上看似大同小異，但實際執行就會見真章，一個人到底行不行，只有一起共事過才知道。因此，團隊讓應徵者一起共事兩天，「動手做實實在在的事」，這就是最好的例子。

作者筆記

卡里南的感想

這個案例令我印象深刻，因為Visual Studio是一項成熟又賺錢的產品，很容易忽視新的客群，誤以為網路原生的開發人員只是短暫的市場現象，賺不了什麼錢，或者對公司缺乏策略意義，頂多只是在舊產品加上一些新功能，勉勉強強符合新客群的需求，而絕大部分資金仍砸在原有的忠實客戶上。開發平台高層的想法不一樣，完全展現了遠見，預見這群新開發人員的潛力，認真看待他們的需求，甚至願意打造全新的產品，來服務這個全新的市場。

就在VS Code逐漸崛起，吸引越來越多使用者，第二個風險隨之浮現了。所謂典型「創新的兩難」就是，原產品（也就是Visual Studio）通常會試圖收編或者排擠新產品（VS

Code），以保護自己的客戶和市場。但開發平台的團隊巧妙避開這個陷阱，從一開始就溝通清楚，說明這兩款產品並存的商業邏輯。他們還讓兩個產品交叉依賴，為彼此提供一部分程式碼。如此一來，雙方都會希望對方成功。說得更白一點，兩個團隊能定期互動，降低內部衝突的機率。如今，這兩款產品都蓬勃發展，證明這個做法真的好有智慧！

加賓的感想

這種共事兩天的面試手法，真是一大突破。無論想打造什麼樣的產品，邁向成功的第一步，莫過於建立優秀的團隊。VS Code團隊的面試強調實作，不只是測試技術能力，而是讓雙方透過兩個整天的合作，放下第一印象的偏見，真正了解未來一起工作的感覺。

雖然這是在挑選軟體工程師，但完全可以應用到其他職位，無論是創新團隊，還是一般團隊。設計師的話，那就跟團隊一起做產品模型、繪製故事板、規劃使用者流程，趁這兩天展現創意、合作風格和解決問題的能力。分析師的話，就跟團隊一起剖析數據、找出趨勢、提出解決方案。行銷人員的話，一起規劃行銷活動。財務人員的話，不妨試著分析公司的財務狀況，或草擬預算。不管是哪個職位，這種做法的關鍵在於即時合作，把雙方丟在真實的工作情境中，評估彼此是不是合拍、能不能長期共事，提高生產力。

第三章

Microsoft Office：善用策略設計，釋放更大價值

這款產品不用多做介紹了吧？Office自一九八九年推出以來，幾乎跟微軟本身一樣資深。[18] 這些年來，Word幫助使用者創建無數文件，Excel把數據分析變得平易近人。PowerPoint徹底改變我們說故事的方式。Office的歷史超過三十五年，有太多經典案例可以討論。但是在這裡，我們只鎖定二〇一八年至二〇二三年的關鍵轉型，策略設計的威力表露無遺。

這一段Office的故事，正好符合本書提到的第三種創新模式。Xbox是獨立開展全新的業務，等到時機成熟，再來跟其他部門整合。至於Visual Studio Code，則是在原有的組織，為全新市場開發新產品，並且建立新團隊，而不是單純改良舊產品。到了這一章，我們探討如何把「一

向只做漸進式改革的老組織」，變成「引發執行長關注的酷團隊」。

這場成功的創新，來自三大轉變：

- 改變團隊作風，變成設計優先
- 以既有的功能為基礎，發展全新的用途
- 用更直接的方式衡量成功

設計優先：改造大金字塔

在微軟的歷史裡，凡是負責開發產品或功能的團隊，往往設有開發人員、測試人員、專案經理三個職務。這個組合也稱為「大金字塔」，開發人員負責寫程式，測試人員確保功能正常，專案經理撰寫產品規格（按照工程需求），以及規劃開發時間表，追蹤整個團隊的進度。

回想Xbox的BXT框架，分別是商業（Business）、體驗（eXperience）、技術（Technology），但無論是開發人員、測試人員或專案經理，其實都對應到T。Office部門也有產品經理（跟專案經理不同），主要負責產品的整個策略，這就對應到B。那麼X呢？

二〇一八年，舒米・喬漢（Sumit Chauhan）接任Word和PowerPoint的產品主管。當時的她，剛帶領整個Office團隊完成技術變革，打破多年來的開發節奏，改為每月更新。這種頻繁的發布模式，類似Xbox當年的作風，這等於給了開發團隊安全閥，自然更願意大膽嘗試，反正可以頻繁微調。喬漢開始搜尋認同這種作風的人，跟這些人一起推動更多變革。

第一個重大變革，就是讓大金字塔改頭換面。這個鐵三角本來有開發人員、測試人員、專案經理，經過重新改造後，測試人員換成了設計人員。喬漢加入之前，設計團隊的參與度不高，往往要等到功能開發完畢才來美化介面，但真正的好設計不只是外觀順眼，其他九大設計原則也跟功能性息息相關。[19]這次調整過後，設計跟工程終於平起平坐。

設計師的思維跟工程師不同，設計師思考的是：為誰設計的？為什麼會有這個需要？什麼時候使用？使用頻率高不高？在什麼情境使用？設計的切入點太多了，例如以人為本的設計，會從使用者的角度出發，思考人與產品的互動。自然導向的設計，或者生命導向的設計，則會考慮這個解決方案跟大自然（包括人類在內）的互動，甚至反推大自然本身會如何解決問題。無論哪一個，設計總是從外部開始，然後深入產品或服務的內部，換句話說，先從X出發，再推進到T。

喬漢從設計研究團隊找來了丹尼爾・華倫（Daniel Varon），還憑藉自己的影響力和聲望，幫他爭取更多發揮的機會。在這個新的組織架構，設計團隊有最終決定權，可以決定產品該怎麼表現。華倫回憶這場變革：「設計團隊終於能參與整個產品開發流程，而不是最後才進行細微修補，這讓設計人員專心實現真正大膽創新的設計概念。」

設計師從一開始就參與開發流程，這本身已經夠激進了，居然還讓他們來做主！簡直是顛覆傳統的異端思想。不過，接下來的大變革，才是真正的震撼彈。

不再新增功能

許多大企業會被市場顛覆，其中一個原因就是「過度服務」，這個概念出自克里斯汀生的著作《創新的兩難》。

什麼是過度服務？意思是企業不斷改良現有的產品，卻超出大多數使用者的需求，可能是他們根本用不到的功能，或者是他們不在乎、也不願意付費的功能。這個時候，如果有一家新創企業推出競爭產品，切入低度開發或尚未開發的市場，久而久之，市場龍頭就會遠離主流使用者，而新進競爭者卻一步步靠近他們，最終完全取代龍頭，搶下整個市場。依照克里斯汀生的破壞性創新理論，這就稱為過度服務。[20]

過度服務還有另一種理解，就是「過度開發，但設計不足」。這種情況很常見，想必大家都遇過那種功能太多，複雜到令人手足無措的產品、服務或流程。就連新創公司也可能陷入這個困境，產品還沒有找到市場定位，卻一次做得太多、做得太快，最後把資源耗盡，一敗塗地。

Office新上任的管理團隊，還好很快就發現這個潛在問題，做了一個大膽的決定：「不再新增功能！」喬漢當時的想法很簡單：「大多數使用者只用一小部分功能，所以我們決定，不再新增任何功能。於是，我們的首要任務，就是讓使用者充分利用現有的功能和內涵。」

這項決策是Office轉型的第一步。既然敲定了方向，接下來的問題就是：該如何達成目標？為了找到答案，他們決定回去求助設計團隊。

從設計師的工具箱找答案

前面提過，產品團隊裡面有技術成員，這群人開發產品時，主要依循工程的需求規格。理想的工程需求，必須清楚、簡潔、毫不含糊。

設計師的做法有點不一樣，他們依循「大原則」。這些大原則就像護欄，在創新的前期，先確定要做什麼、為什麼要做。顧名思義，這是在引導設計方向，而不是列出每個細節。這只是提供框架，確保最終的解決方案能夠達成目標，但同時保留大量的創意揮灑空間。

如果拿導航來比喻，工程需求可能寫得很詳盡：「先左轉三十七度，開了三百零九公尺後，再繼續前進六十一公尺後停車。」但設計師的大原則很簡單：「安全快速回到家。」

Office團隊的高層制定一個大原則，叫做「一鍵驚豔」。喬漢這樣解釋：

> Office團隊一直有個根深蒂固的想法，以為使用者希望有更多的控制權，想要這裡調一下，那裡改一下。但是我反對，如果你直接給使用者一個漂亮的成果，他們就會直接用了啊！根本不會想改。沒人有那個時間和耐心，花三十分鐘做一張漂亮的投影片，他們會這麼做，純粹是別無選擇，情勢所逼。

除了「不新增功能」的規矩，再加上「一鍵驚豔」大原則，他們未來創新的時候，就等於有了護欄。俗話說，限制反而會激發創意。

再多幾個設計工具

從產品開發的前期，設計團隊就憑藉各種視覺元素，把願景變得更清晰。不管是一張塗鴉、一張渲染圖，或是漫畫風格的示意圖，對大家都會有幫助，因為有具體的東西可以討論。少了這些視覺輔助，每個人可能要靠自己腦補的版本做決定，但這些想像對終端使用者的理解往往不太準確，彼此也有落差。

Office團隊負責產品設計的副總裁喬恩．弗里德曼（Jon Friedman），花了很多心力規劃新一代設計工具。他帶領一支五百人的團隊，讓這些構想成真。弗里德曼說過：

> 設計思維最強大的地方，就是把一張草圖放到桌上，不管是產品原型、一個示範畫面，或是隨手畫的圖。到了這一刻，不管畫得有多糟、有多錯，重點是大家可以針對同一個東西，討論哪些地方對、哪些地方不對，集體設計的過程就真正開始了。

久而久之，Office設計團隊超越了靜態圖片，直接打造的互動式介面的原型，讓團隊感受新的使用者體驗，這時候甚至連程式碼都還沒寫呢！整個團隊卻可以體驗新功能在手中的感覺，一步步點擊，一步步切換畫面。這就像先設計飛行模擬器，讓飛行員試飛，聆聽飛行員的意見，然後再來打造飛機。這比起單純的技術規格，團隊對產品的理解絕對更深入、更直觀。弗里德曼肯定這種做法的價值：「如果一張圖片相當於一千字，那麼一個原型就等於一千張圖片。」

打造極致體驗

Office團隊還有一個大方向，就是講究「工藝」。這裡所謂的工藝，意指對使用體驗的極致追求。這源自人類內在的渴望，希望創造優質的作品，讓自己感到驕傲。只不過，這在大企業很難落實，因為每個人的工作，無論是開發人員的程式碼，或產品經理的規格書，都只是整個產品的一小部分，任何一個人都很難指著最終成果，說「這是我做的」。

Office有什麼辦法呢？他們設立全新的業務審查機制，只講究使用體驗。產品團隊深入探討使用者的意見，確認有哪些地方符合期待，有哪些地方令人大失所望，又有哪些地方超乎期待。在微軟的文化裡，業務審查和程式碼審查已行之有年，但加入體驗審查，大家終於真正關注Office使用者的實際體驗。

同樣重要的是，把所有成員拉進這個過程，讓每個人清楚看到自己的工作，會如何影響最終產品，這也會提升集體責任感，每一次都要做得更好。弗里德曼這樣說：「體驗審查最大的優點，就是讓大家明白，使用者體驗不是某個人的事，而是整個團隊的責任。大家後退一步，不再埋頭苦幹，而是一起來看看，這些功能在程式碼裡面怎麼互相搭配。」

Office團隊怎麼講究使用者體驗呢？那就是推行兩種標準：基本穩定體驗（Minimum Trustworthy Experience，MTE）和「變革價值」（Transformational Value，TV）。基本穩定體驗的意思是，要讓使用者覺得產品完整且穩定，畢竟敏捷開發流程的節奏很快，團隊不可能等到完美才發布新功能，但底線在於，新功能不可以破壞使用者對產品的信任。變革價值這個標準位於光譜另一端，要讓使用者覺得新功能太棒了，因而改變使用Office的方式。這是每個新功能真正的目標。Office使用者體驗研究主管潘尼．柯里森（Penny Collisson）這樣說：「如果連最基本的信任都無法建立，根本沒辦法帶來變革性的體驗。如果使用者感受不到改變，就不會願意投入時間、心力，甚至金錢。」

工程團隊找到突破之道

如果這個故事發生在二〇二三年，大家可能會覺得，開發團隊會靠ＡＩ解決問題。但當時是二〇一八年，那時候ＡＩ的閱讀、寫作、分析、整理和推理能力還不成熟，但Office高層早就看見ＡＩ的未來趨勢，採取循序漸進的策略，一步步為產品鋪路。

比如Office Word，早就有拼字與文法檢查的功能，第一步顯然就是把這些規則轉為機器學習。接下來提供進階功能，例如ＡＩ建議怎麼改寫句子，甚至是自動生成整段文字。

再來是PowerPoint，ＡＩ讓人人輕鬆做出精美的簡報。等到使用者做了幾張投影片，PowerPoint會運用設計構想功能（Designer），自動生成數十種版面配置與視覺風格，品質媲美專業平面設計師打造的簡報。蓋茲第一次看到設計構想功能，直呼這是他見過最棒的ＡＩ應用。

至於Excel，ＡＩ開放使用者直接用自然語言，來詢問有關數據的問題，ＡＩ會自動處理格式、分析數據，最終給出答案。

這些變革之所以成真，是因為Office團隊解決一個顯而易見卻難以克服的問題，叫作產品碎片化（fragmentation）。雖然大家都掛著Office的招牌，但Word、PowerPoint、Excel和Outlook的團隊獨立運作，各自解決不同的需求。例如，Excel專攻數據結構與數學運算，但

PowerPoint講究視覺設計。因此，每個應用程式的檔案管理方式，或者數據處理機制，都有些微的不同。即便Word開發出AI自動改寫功能，也不能直接套用到Excel、PowerPoint或Outlook，反之，每個產品都要經過繁瑣的整合與測試。

有了「增強迴圈」（Augmentation Loop）這個軟體層，Office團隊終於簡化各個應用程式的細節，迅速把最新的AI功能推向整個Office。增強迴圈加快了Office推廣AI新功能的速度，降低了實驗成本，讓團隊在真實的Office環境中，大規模測試新的AI模型，等到改良過後，再來全面推出。AI功能簡直就是遍地開花。增強迴圈上線短短幾年，就推行大約一百五十項AI進階功能，能夠觸及全球超過十億名Office使用者。第一批負責這項專案的產品經理羅漢·沙亞（Rohan Shah）分享這段經驗：

> 增強迴圈證明了一件事，只要統一管理Office數據，就可以提高AI的靈活性與規模。
>
> 一開始，我們只在兩款Office應用程式測試，等到開始見效後，微軟各個團隊主動找上門，希望把技術整合到Office，甚至在他們的產品導入Office AI的技術。就是這樣子，我們逐漸打破組織的界線。

優秀的設計領導力，解鎖團隊與產品的潛力。強大的工程能力，進一步把這份潛力化為現實。然而，這一切要順利運行，還需要一個改變。

改變衡量成功的標準

Office以往衡量成功的標準，就跟一般科技公司差不多，就看技術規格有沒有達標、產品有沒有按時推出。因此，只要準時、預算不超支、技術規格達標，就算任務完成。這做法不算完美，但是對小產品或新產品還說得過去，畢竟東西推出去沒人買，會馬上反映在營收上，直接指出產品沒有市場。但是像Office這種規模大、普及性高的產品，光憑上市時間或營收數字，已經很難衡量新功能或更新是否真的成功。Office團隊決定直接衡量成功的關鍵指標！

他們不走傳統路線，而是只看「保留率」（kept rate）。這個指標的概念很簡單，比如Word建議使用者如何完成一個句子，他們真的會接受嗎？PowerPoint建議新的簡報設計，使用者會選擇保留，還是刪除呢？雖然這是一個簡單的指標，但能看出哪些功能對使用者有價值。喬漢這樣解釋：「我們對於保留率非常在意。換句話說，不管是輸入建議、設計建議，還是圖表建議，我們只關心使用者有沒有保留？有沒有採用？」

保留率的數據很有說服力。這還用說嗎？只要使用者保留下來了，那就是最直接的「滑鼠投票」。Office 團隊就利用這些數據，一步步說服整個 Microsoft 365 部門，讓他們認同「設計導向＋AI驅動」的方法。喬漢回憶：「我不斷展示保留率的圖表，秀給大家看：『使用者真的在使用這些功能，他們很喜歡，數據就擺在眼前。』這讓我們更加堅定了。」

思考、行動、感受

保留率是個很棒的指標，讓團隊知道哪些功能受歡迎。但更重要的是，為什麼這些功能有價值？團隊可以怎麼做，讓更多使用者保留？這時候，團隊仰賴他們研發多年的架構：「思考、行

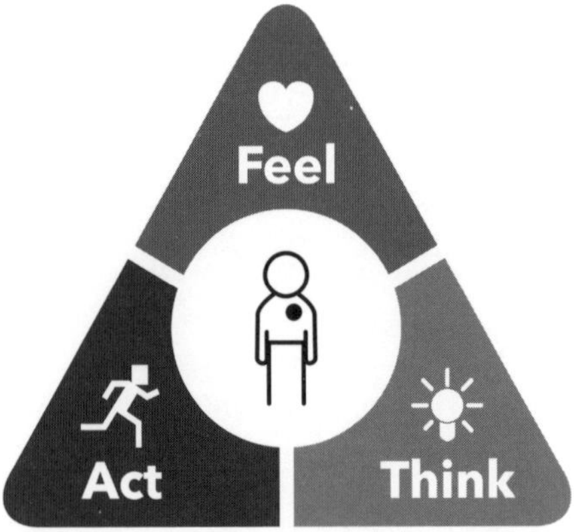

圖 3.1　思考、行動、感受的框架

動、感受。」這個架構參考大量的認知科學研究，主張真正以使用者為本的產品，必須貼合對方的思考、行動和感受。這三者缺一不可。只要有一個環節做不好，產品的體驗就會大打折扣。

思考（Think）一直是消費者研究的重點，研究人員會詢問使用者偏好什麼產品、購買意願如何……等。這類研究，微軟公司也一直在做。

行動（Act）就有點不一樣。以前微軟的軟體是燒在光碟片，安裝在使用者的主機電腦，如果想知道使用者實際怎麼用，幾乎是不可能的。但隨著軟體轉向雲端，一切都改變了，微軟終於可以測量使用者行為。透過雲端遙測技術，能精準掌握產品使用的方式和時間點，而「保留率」就是最佳的應用實例。Office在早年投入資源，從傳統軟體轉向雲端服務，才得以部署先進的遙測技術，深入掌握使用者行動。

感受（Feel）是微軟最使不上力的部分。畢竟，微軟一向以理性思考與嚴謹分析為榮。但負責「思考、行動、感受」這套框架的團隊，成功說服大家。這套理論的發明人崔許．麥納（Trish Miner）特地在公司做簡報，跟大家解釋：

> 回顧過去三十五年的認知心理學研究，人其實沒我們想像中那麼有邏輯、那麼理性思考。大多數關鍵決策，其實還是由感受主導。這影響許多我們微軟在乎的事情，舉凡人如何選擇產

品？會不會購買？會怎麼使用？以及最重要的，會跟別人推薦嗎？

整體來看，「思考、行動、感受」這套框架，幫助Office團隊更精準規劃產品功能，確保他們開發出來的東西，真的是使用者想要的。如果想更深入了解這套方法為什麼有效，可以參考第十章的「創新模式三：用情感激發全體變革」。

提前做好準備，迎接強大AI浪潮

這些年來，Office憑著「AI為本，設計領航」的策略，早在二〇二二年前就開始見效，許多用使用者都發現Office變得更強大、更符合直覺。等到生成式AI崛起，這些效應瞬間放大。微軟跟OpenAI合作，取得全球最強大的AI模型，像GPT—4這樣的大型語言模型（LLM），還有DALL·E3這類圖像模型。Office使用者剛好每天都在處理文字和圖片，這不就是全球最大的客群嗎？但問題是要怎麼以實用、簡單、值得信賴的方式，將AI整合進來。

Office團隊之前對「持續更新」和「設計思維」的重視，終於派上用場。因為有設計思維，

ＡＩ使用體驗會貼近使用者的思考、行動、感受。因為有持續更新，團隊會快速嘗試新功能和新規格，果斷砍掉不適合的設計。就連微軟為ＡＩ系統取名Copilot（副駕駛），也是在凸顯設計理念，強調體驗的主角其實是使用者，而不是ＡＩ。

喬漢形容這段過程：「我們這幾年打下的基礎，等到ＡＩ模型變得超強大的時候，全部水到渠成。我們早就準備好了，可以掌握和發揮這些模型的潛力，上線的速度才會這麼快。」

弗里德曼也說：「如果沒有這些文化和工作模式，Copilot也不會這麼創新。因此在我看來，早在五至七年前，文化變革就悄悄開始了，只是在醞釀當中，直到二〇二二年才開花結果。過去這一年，就是最好的證明。」

創新關鍵

- **讓設計團隊有決策權**：Office團隊重視設計是來真的，不是嘴巴說說而已，這徹底改變組織架構和工作流程，包括重新調整「大金字塔」，導入體驗審查的機制，並且建立一些框架，凸顯使用者的價值。他們想盡辦法，確保設計團隊從一開始就參與決策。

- **聽見使用者真實的聲音**：Office團隊開發產品時，真的有認真聽取使用者的意見，甚至投入大量的資源，探索各種研究使用者的方法，仔細分析產品如何影響使用者的思考、行動和感受。他們還會定期評估使用者體驗，讓這些珍貴的意見不只是參考，而是會真正影響團隊的決策。
- **釐清你真正的價值**：以前Office只有盒裝軟體，主要在實體店面販售，當時功能越多，看起來就越划算，雖然這種衡量標準有一點粗糙，但是還算合理，因為消費者購買軟體的時候，會看盒子上羅列的新功能，再決定值不值得購買。但是當Office變成訂閱服務，使用者隨時都可以退訂，功能的種類多不多，就沒有以前那麼重要了，真正的關鍵是，這些功能到底會不會用到？

作者筆記

卡里南的感想

這個案例最令我印象深刻的是，Office明明沒有面臨迫切威脅，卻還是完成一場大規模轉型。當時Office團隊已經非常龐大，擁有超過一萬名員工，營運模式也行之有年，非常穩定。我還記得二〇一〇年代初，我曾考慮加入Office團隊，結果有一個同事點醒我：「他們是很棒的團隊，但營運方式有點像軍隊。」

但Office領導階層做到了！而且沒有做大規模的人事調整，當然還是有人選擇離開，但大部分員工還是適應新的做法，甚至多虧這個新願景，整個團隊發揮得更好。弗里德曼受訪時有聊到：「大多數人只想做好工作，讓自己感到驕傲。如果能拿出證據，證明新做法也能做到這一點，他們遲早都會接受。」

加賓的感想

我特別好奇，Office團隊怎麼一邊追求敏捷開發，一邊兼顧工藝。我們的訪談時常聊到，快速疊代和精緻設計之間的拉鋸。有些人主張快速失敗（fail fast），擔心設計團隊會拖慢產品上市的速度，影響學習與疊代的節奏；但也有人擔心，如果產品推出得太快，品質不夠好，使用者體驗不佳，會導致使用者大量流失。

Office找到一個平衡點，透過基本穩定體驗（MTE）、變革價值（TV）、體驗審查，以及漸進上市的策略（像是內部試水溫、自己的產品自己用、小規模測試），讓產品做得又快又精緻。這些方法不只適用於Office，事實上任何團隊都可以借鏡！

第四章

Cognitive Services：靠著極致協作翻身

這些年來，微軟也吃過不少敗仗，像是Microsoft Bob、Zune、Windows Vista、Clippy。不過，說到微軟史上最大的失敗，Windows Mobile肯定名列前茅，就連蓋茲也說了，這是他在微軟任內最大的失誤。

Windows從一九八五年問世以來，一向稱霸個人電腦的作業系統，甚至到了二十一世紀，市占率還是超過九〇%。[21]但即便如此，微軟卻沒能善用這項優勢，繼續稱霸行動裝置的作業系統，而是讓蘋果和Google搶下主導權。最終微軟在二〇一五年正式關閉Windows Mobile，徹底退出這場戰爭。蓋茲回憶：

> 我們當時早就知道，智慧型手機是未來的趨勢，於是推出Windows Mobile。但最終還是錯過稱霸市場的機會，而且就差一點點……這是我在微軟任內犯下最大的失誤，因為這完全是我們的強項呀！我們應該成功的，卻失敗了。[22]

微軟最痛的，其實不是損失多少錢，而是錯失大量的使用者數據。每一次使用者在手機上的滑動、點擊、觸控，都蘊藏珍貴的行為數據，有了這些資料，可以開發更貼近需求、更豐富的應用程式。當全球全面轉向行動裝置，微軟卻遙遙落後，甚至一度找不到翻身的機會。

Cognitive Services的誕生，就是一個接受失敗、但不被打敗的故事。一小群自稱特立獨行的團隊，決定換一個方式，幫助微軟在行動市場占有一席之地。二〇一四至二〇一八年，他們在六大領域克服難關，這些技術對行動裝置至關重要，卻困擾ＡＩ科學家數十年，包括語音辨識、機器翻譯、對話處理、影像標註、自然語言理解，以及問題解答。經過團隊的努力，電腦在這些領域的表現，幾乎快追上人類了，同時讓行動裝置和個人電腦的數據變得更有價值。他們不只開發一項新產品，還打造全新的合作模式。

不過，在成功之前，他們跌了幾次跤。

該認輸的時候，就果斷放手

現在大家用智慧型手機早已習以為常，想不起以前的手機有多麼不智慧，但其實手機早就內建相機、麥克風和定位系統，行動裝置就是靠這些技術來蒐集寶貴的數據。到了二〇一〇年代初，開發人員已經能蒐集和傳輸這些數據，但還沒讓這些數據發揮最大價值。因為現實世界的數據太雜了，令人一頭霧水，對電腦來說更是如此。這張照片拍的是鳥還是飛機？這個人說的是魔鏡還是母雞？她是在笑還是在尖叫？這不是創新的問題，而是發明的難題。只可惜一般行動裝置開發商並沒有這些資源，但微軟早就砸了大錢在AI演算法、模型訓練、運算能力等。

二〇一四年，沈向洋（Harry Shum）擔任微軟AI暨研究部門執行副總裁，帶領數千名科學家和工程師，專攻五十多個不同的研究領域。他站在制高點，看到了一個機會！微軟研究院、Bing，還有Azure機器學習的產品，早已發展一整套技術，能夠從缺乏結構的數據，處理並擷取寶貴的知識，而手機和其他行動裝置蒐集的數據，就是這種缺乏結構的數據。二〇一〇至二〇一八年間，微軟在全球申請超過一萬兩千三百項AI專利。沈向洋深信，這些技術是讓行動數據發揮最大價值的關鍵。

於是，他找來自己的技術顧問，同時也是Bing團隊的領導者郭昱廷，一起向高層提出一個大膽的計畫：乾脆放棄Windows Mobile，改投Android陣營，讓微軟成為Google以外最大的Android開發商。

一句話總結：大成功！

但細說重頭，事情沒那麼簡單。前面有提過，二〇一五年Windows Mobile正式退役，但是在二〇一四年，沒有人願意當那個劊子手。因此，這個提案直接被否決了。

華生電腦的下場？

美國益智節目《危險邊緣》（*Jeopardy!*），有一集特別萬眾矚目，就在二〇一一年播出，參賽者是一個新人，叫做華生（Watson），準備挑戰兩位傳奇般的冠軍選手布拉德・魯特爾（Brad Rutter）和肯・詹寧斯（Ken Jennings）。這兩位選手戰績輝煌，總共贏得九百三十萬美元的獎金。[23]但是那一天，華生打贏漂亮的一仗，帶回一百萬美元的獎金，但華生回家的方式，當然不是走出攝影棚，因為它是IBM研發的電腦系統。

你想必會好奇，既然早在二〇一一年，華生就能在益智節目抱回獎金，為什麼到了二〇一四年，開發人員還不會處理雜亂的數據？放心，當時剛接任微軟執行長的納德拉，內心也有同樣的疑問。他剛接任鮑爾默的職位，他很好奇，華生真的算ＡＩ嗎？郭昱廷的團隊經過一番分析，最後得出一個結論：目前華生沒有什麼殺傷力，至少現在還沒有。說白了，華生只是解題系統，為了參加《危險邊緣》而量身打造，但是要真正開啟ＡＩ時代，恐怕還差得遠！

雖然華生還沒有殺傷力，卻在文化層面引起轟動，甚至讓微軟高層提心吊膽。郭昱廷和沈向洋當然不會放過這個機會。

繼續嘗試，直到成功為止

沈向洋再次向團隊提問：「我們有微軟研究院、Bing和Azure，現在可以怎麼做？」

答案是重新包裝他們先前的提案。上一個提案是成為最大的行動開發商，藉此獲取數據，但現在策略變了，他們要直接吸引行動開發商，吸引他們使用微軟的技術。

團隊提議打造一整套ＡＩ服務，整合微軟研究院和各個產品團隊的技術，再透過雲端應用程式介面（ＡＰＩ），提供給行動開發商使用。簡單來說，ＡＰＩ就像是一台翻譯機，讓不同作業系統、不同程式語言的軟體也能夠互相溝通。行動開發商只需要加入幾行程式碼，就能夠

主旨：Azure 智慧服務（Azure Intelligent Services）
日期：二〇一五年二月
上呈對象：薩蒂亞・納德拉、斯科特・格思里、陸奇
作者：沈向洋、郭昱廷、大衛・奧爾德（David Auld）

摘要

現在有手機和物聯網裝置，製造無數的類比數據流，遍布於我們的生活。我們要做的，就是把這些數據化為可運算、可操作的數位資訊，這也是微軟多年來一直研究的課題。語音、視覺、自然語言和手勢，這些對現代電腦來說，都是非常複雜的輸入資訊，需要專業技術和大量訓練數據才能夠理解。但這個門檻太高了，大多數企業無法自己開發這些功能，最後只好求助第三方平台，來處理影像、影片、音訊和語言的數據。

在這份提案，我們想專為行動開發商設計一個平台，稱為 Azure 智慧服務（Azure Intelligent Services，AIS），基於微軟研究院和 Bing 過去十年來的研究成果，涵蓋視覺、語音、自然語言、意圖識別和語意理解等領域。AIS 將開放微軟的技術，讓行動開發商也能夠在自己的應用程式和服務中，分析那些人類製造的數據。對微軟來說，這可以重新吸引那些逐漸流失的開發者用戶，順便取得關鍵的數據，來強化微軟自己的 AI 服務，拉開 Azure 跟其他公司平台的差距，吸引更多的開發商進駐。

圖 4.1　Azure Intelligent Services（Cognitive Services 的前身）的策略備忘錄

輕鬆取用微軟的AI功能，省去自行開發的麻煩。

為了鼓勵開發商迅速採用，微軟決定免費提供服務。免費是有條件的，開發商免費享用優質的AI服務，條件是要把數據回傳給微軟。接下來，微軟就利用這些數據，訓練出更強大的AI模型，再加上微軟沒有掌控行動平台，這可以讓開發商放心，反正微軟不會拿這些數據跟他們競爭。

如此一來，微軟就有機會亡羊補牢，用相對小額的投資，把過去最大的錯誤，變成未來巨大的機會。如果Windows Mobile成功了，微軟會掌握使用自家行動平台的使用者；而如果是團隊的第一個提案，微軟會觸及使用微軟應用程式的Android使用者。現在這個方案更大膽，直接打進一整個行動生態圈，可望創造多贏的局面，觸及全球數十億手機使用者！這一次，微軟高層終於點頭了。

極力蒐集資源：向一百個人借二〇%時間

牛津專案（Project Oxford）以史蒂芬．霍金（Stephen Hawking）的故鄉牛津命名，二〇一五年二月正式通過審核。到了四月底，趕在微軟一年一度開發者大會，亮相首批新工具，雖然只是場邊的小舞台[24]，但已經讓這個計畫受到矚目，但問題是團隊太小了，挑戰並沒有結束。

當時的創業團隊，就只有郭昱廷和幾個專案經理，這些人的工作主要就是技術協調，而不是程式編寫。他們沒有時間、也沒有預算再找更多人，唯一辦法就是向公司的研究工程團隊求助，看看有沒有人願意幫忙各個部分。

他們開始硬著頭皮打電話，在公司裡面瘋狂找人幫忙。只要有人接聽，先搬出沈向洋的名號，至少可以爭取一兩分鐘的時間，快速介紹這個專案，但不保證對方會買單。畢竟微軟內部有不少資深員工，早就習慣自己的工作模式。當時像「成長思維」和「微軟一條心」（One Microsoft）這種強調團隊合作的企業文化，剛開始在微軟發酵。[25]結果，牛津團隊經常遭受一堆質疑：

「這行不通啦。」

「這沒什麼好做的。」

「你們根本不知道自己在幹嘛。」

「你們又不是產品開發團隊。」

「你們又沒有工程師。」

「你們做不出這東西。」
「你們不懂基礎架構。」
「你們不了解企業的需求。」
「你們不懂安全性。」
「你們沒有一個人可以把產品做出來。」

他們學會盤點組織結構圖，想辦法找到那些願意幫忙、對這些新點子感興趣的人。大衛・奧爾德（David Auld）是早期的專案經理，回憶起那段往事：「我們最後能闖出一條路，主要是因為我們堅持到底。只要你仔細想想，就知道我們成功的關鍵，就是走一條不按牌理出牌的路。我們找來不同部門的人，一起想辦法實現這些構想。」

牛津團隊很快就學會借力使力，從基層開始，向其他部門借資源，大家都有自己的工作要忙，只是另外撥時間幫忙而已。例如，從其他團隊借到開發人員二〇%的時間、研究人員二五%的時間、工程人員一五%的時間，雖然每個人都只貢獻一小部分的時間，但只要人數夠多，即使團隊沒有正式擴編，也會有爆炸性成長。奧爾德笑著說：「我們大概向一百個人借了他們二〇%的時間，這等於集結一大票人才，比起直接跟老闆要二十個人力，效果還要更好。」

牛津專案剛起步的時候，要讓研究和工程團隊攜手合作，就像讓行星排成一條線那樣困難！這兩個團隊都隸屬微軟公司，但運作模式完全不同。工程團隊的步調快得像水星，幾個星期內就要交出成果；研究團隊則像火星，一個里程碑動輒要花數年。成功的合作，就像跳一支複雜的雙人舞，要讓兩個團隊的軌道對上，才能夠有所突破。

好在牛津團隊的領導階層，不僅理解這種挑戰，也願意提供支持。其中，負責工程團隊的黃學東這樣說：「工程跟研究團隊的節奏完全不同，思維方式也不一樣。我們要懂得區分創新和執行的過程。但只有交到使用者手上那一刻，創新才算真正實現。問題是，如何拿捏這兩者，就需要長時間的經驗累積。」

黃學東、沈向洋、郭昱廷三人，在微軟待了幾十年，剛好在這兩個世界打滾過，累積不少工具和才能，否則牛津計畫是很難成功的。

舉個例子，黃學東的工程團隊自從一九九五年，開發出Windows第一代語音API，就一直使用「品質／服務成本比」（Quality per Serving Cost）的指標，黃學東開玩笑說，這就是他們的「獨門祕方」。這個概念很簡單、但很有效，因為品質不夠好，就沒有顧客想用；但如果服務成本太高，公司也不會買單。這套指標已經在微軟實施二十五年以上，讓最新研究成果能夠順利化為產品。現在再次派上用場，幫助Cognitive Services站穩腳步。

飆速成長的過程

大部分加入牛津專案的人，其實都不是老江湖，反而資歷都很淺。

雖然郭昱廷自己說，這不是刻意安排的，但他當初挑的團隊成員，大多是資歷不到五年的年輕人。大部分情況下，願意跟他們合作的人，通常也是新人。團隊後來回想，覺得這可能跟個人風險承受度有關。一個人資歷越深，能失去的東西就越多。郭昱廷說，他選人的標準很重感覺，他要找的是「有期待、有渴望、有勇氣、有好奇心的人」。不管這是策略、還是本能，他這一個決定，最後不僅讓計畫成功，也讓團隊成員收穫滿滿。

從構想到正式推出，整個過程不到四個月，整個團隊拚命趕工，不只是計畫快速推進，每個團隊成員也一路飛升。牛津專案逐漸受到關注，團隊成員也跟著被看見。不得不說，這要感謝郭昱廷，讓這些年輕人站上舞台。年紀輕輕的產品經理，居然能直接向蓋茲報告，甚至跟納德拉一起站上Build大會舞台，這種機會通常只留給高層主管。

當初負責這項專案的產品經理安娜・羅斯（Anna Roth），原本只有行銷的背景，沒有半點產品管理的經驗，但是她幹勁十足，郭昱廷覺得她是團隊需要的人才，就把她找來了。她回憶：

雖然我很菜，但我從來沒懷疑過自己該不該坐在這個位置，因為郭昱廷對我說：「這件事就交給妳了！」所以，我從沒想過自己不行。後來回頭看，這是多麼難得的機會，可以跟高層一起共事，上大舞台做展示、做簡報，甚至直接做決策。要是在其他地方，像我這種層級的職位，根本不可能有這樣的機會。

牛津專案前期的幾位產品經理，包括羅斯、奧爾德等人，後來都發展得相當好，不管是在微軟公司內部，還是離開微軟後，都是平步青雲。大家回想那段時光，始終覺得是很重要的轉捩點，對他們的職涯影響很深。

不斷把功勞送出去

二〇一五年Build大會令人眼睛一亮，再加上蓋茲和媒體的好評，創造了絕佳聲勢。現在有了實體成果，微軟內部也開始關注AI服務的潛力。

不過，那時候團隊的人手還很少，得靠其他的團隊支援，包括編寫程式、調整模型、準備上市。沒有這些人幫忙，根本不可能成功（參考第十章「創新模式三：用情感激發全體變革」）。

為了穩住合作夥伴，讓計畫順利推進，團隊唯一能發放的獎勵，就是「滿滿的功勞」。

在大公司裡面，誰拿到功勞，誰就有影響力。網路上有一堆思想領袖和職場心法，都在教你對付愛搶功勞的人，卻很少有人建議你，主動把功勞送出去，但牛津團隊這麼做了。

他們超級大方，把功勞拚命往外送，逢人就誇合作團隊有多棒，幫了很多忙，就連當初不看好他們的人，也照樣受到稱讚。有位牛津專案的產品經理這麼說：「對我們來說，這沒什麼損失，因為我們直接跟沈向洋彙報，他的資歷夠深，他總是會說：『我很清楚情況，你們做得很好，這一切都會反映在你們的職涯上。』」

這種跨組織的合作模式，只靠一小群產品經理來牽線，搭起研究團隊以及工程團隊的橋梁，以前從來沒有人能在這麼短的時間內，把這種合作模式推動得這麼成功。牛津團隊一路拚了快一年，一直等到二〇一六年Build大會，終於站上主舞台，正式發表Cognitive Services！[26]

站上Build主舞台，這個效應非同小可！微軟上下都盯著這場發表會，因為這代表高層未來幾年的策略方向。微軟的企業客戶，也會觀賞發表會，並用筆電發信給業務，要求試用最新的技術。有機會在Build的主舞台曝光，這帶來的市場關注，恐怕超過你連續幾年發的新聞稿。

Cognitive Services在Build大會大放異彩，受到各界肯定，成功打入微軟生態圈。開發者社群熱烈回應，不只是原本鎖定的行動開發商，甚至連個人電腦開發商也紛紛響應。

成長的陣痛

但Cognitive Services還有一些難題要克服。AI發展速度超乎任何人的想像。AI模型一推出，市場需求就沒有停過，無論是數量、規模或運算能力，大家都想要更多。等到Google和亞馬遜推出類似的服務，競爭的節奏更是全面升溫。

縮短從研究到上市的過程，好處非常多，但也伴隨慘痛的教訓。當你移除傳統的上市流程，安全圍欄就不見了，後果恐怕不堪設想。像是初版人臉識別API在判斷性別時，淺膚色的準確率最高，但深膚色的準確率最低；淺膚色男性的辨識效果最好，深膚色女性的誤差最大。[27]

這類問題讓團隊和公司學到不少經驗，至今仍努力確保AI的發展和應用，必須做到公平、安全、負責。這部分的細節，在第七章有更深入的討論。

這個團隊還有另一個大難題，那就是實際執行跨部門合作，真的很不容易。有位專案經理就坦承：「老實說，這過程真的是衝突不斷。」最誇張的時候，有七個不同部門的成員參與其中，每個人都有各自的優先目標和職責，好幾次都逼近崩潰邊緣！

奠定與OpenAI的合作基礎

到了二〇一六至二〇一七年，這項技術越來越成熟，發展軌跡也更明朗。後來，創業團隊併入了工程團隊，開始採用更傳統的資源管理方式，但是沒有停下創新的腳步。一如既往，這個團隊總能玩出新花樣。他們沒有固定一組「創新團隊」，而是讓大家輪流。每個人都有機會體驗兩種挑戰：一種像水星的快節奏，另一種是像火星的慢步調。

微軟Cognitive Services的發展歷程，從誕生到AI技術大躍進，絕對不只是產品創新的故事，更是組織變革的典範。這個團隊消弭長期研究和產品快速開發的落差。他們還建立共享功勞和跨部門合作的文化，甚至開創全新類別的AI服務，這也是後來微軟跟OpenAI策略合作的基礎。微軟早早看準AI的潛力，長期投資Cognitive Services，讓微軟有機會重塑AI發展格局，拓展AI在現代世界的應用。

創新關鍵

- **把握關鍵時刻**：這個團隊剛通過審核，就迎來大好機會，能在微軟最大的年度開發者大會Build，展示他們的成果，但挑戰也來了，剩下不到四個月的時間，就得把AI服務做出來，並且準備展示活動，簡直是不可能的任務。但是團隊拚命衝刺，最後成功達陣。這場發表會是重要的轉捩點，讓內部原本不看好的人瞬間改觀，站出來支持他們。

- **把功勞大方送：**這個團隊把所有功勞都讓給合作夥伴，甚至連那些還沒正式合作的潛在夥伴也算進來，就算對方的貢獻不大也沒關係。這麼做，讓一些原本有疑慮的人也點頭答應了。把功勞讓給別人，自己會不會被埋沒呢？完全不需要擔心，因為高層對整個計畫一清二楚，知道真正的推動者是誰。
- **大膽啟用年輕員工：**領導團隊發現，比起資深員工，年輕的同事對挑戰和風險的接受度更高。他們敢拚敢衝，對個人成長和公司發展都有好處，但資深員工不一定缺乏這種心態，只是在年輕人身上比較常見。這也是為什麼「求知若渴，虛心若愚」（Stay hungry. Stay foolish.）這句話，會成為創新界的經典名言。[28]

作者筆記

卡里南的感想

這個故事最令我感動的是，Cognitive Services團隊的毅力和韌性，始終相信自己的核心願景是對的：微軟擁有強大的AI模型，同時有雲端可以提供服務。開發商剛好需要這些AI模型，讓他們的軟體變得更聰明。只要把開發商和AI模型連結起來，就可以解鎖價值。這種對核心目標的堅持，幫助團隊一路殺出重圍，克服創新前期必經的無數「不可能」。

但是，團隊也並非一意孤行，而是懂得聆聽意見，從合作夥伴吸收意見，不斷調整專案的細節，卻從未偏離核心的目標。要拿捏這種平衡，其實是創新的一大挑戰，如果忙著調適，策略會失焦；但如果懶得調適，就會變得僵化，錯失學習的機會。這種平衡很仰賴直覺，通常需要長年的創新經驗，沈向洋、郭昱廷、黃學東就是有這種直覺，並且把這種直覺傳承給整個團隊。

過了幾年，微軟跟OpenAI合作時，這才發現Cognitive Services最初的願景有多麼精準，甚至可以說是超前部署。Cognitive Services早在幾年前就默默累積基礎架構和技術，否則OpenAI不可能這麼快速、安全地推出高階模型GPT-4。

加賓的感想

我們寫這本書，回顧每一個成功案例，發現背後都有一位高層扮演重要的推手，這是決勝的關鍵，雖然不是Cognitive Services所獨有，但這個案例提供清楚的例證，證明這一點為什麼很重要。試想一下，把所有的功勞讓給別人，無疑是高明的合作策略，但這個招數之所以行得通，是因為到了歲末年終，發獎金、談升遷的時候，有人知道真正的功臣是誰，願意為你發聲，否則真正在做創新的人，遲早會心灰意冷。

更重要的是，把握高風險的機會，絕對少不了高層的支持，例如Xbox和VS Code就是由高層發起，親自指派或延攬資深幹部。但Cognitive Services換成年輕人帶頭，還得協調七個部門的成員，要不是有沈向洋的積極推動，這種事根本不可能發生。

看了這個案例，我更加堅信，真正能改變現狀的力量，最終還是由上而下的拉力，而不是由下而上的推力。

第五章

微軟研究院：發明與創新之間的橋梁

這些故事你一定聽過：柯達的研究團隊發明世上第一台數位相機，但公司擔心會衝擊傳統底片業務，最後選擇不採用。[29]再來，全錄帕羅奧圖研究中心開發一系列劃時代的技術，結果卻是由蘋果和微軟發揚光大，稱霸了個人電腦產業。[30]還有，德州儀器（Texas Instruments）和快捷半導體（Fairchild Semiconductor）發明積體電路（IC），但真正把它商業化的公司，卻是英特爾（Intel）、超微（AMD）等。[31]這些活生生的例子，正好呼應這本書的核心觀點：發明成功了，卻沒有化為長久的創新，對發明者來說等於前功盡棄。上述這三個例子，都是企業研發單位掌握劃時代的發明，卻沒能享受商業化的利益。

為什麼這種故事屢見不鮮？該怎麼避免？先來看看微軟研究院的故事。

說故事之前，先看看唐納德・斯托克斯（Donald Stokes）提出的架構，一九九七年他出版《巴斯德象限》（*Pasteur's Quadrant*）一書，主張研究可以分兩個面向：第一，有多少成分是在探索宇宙基本原理？第二，有多少成分是在解決現實世界的問題？

他就是運用這個框架，把研究分成三種類型：

一、純基礎研究（Pure Basic Research）：這種研究純粹是出於好奇心，目標是解開宇宙的奧祕，不急著實際應用，例如物理學理論、分子生物學。

二、應用研究（Applied Research）：這完全是另一種研究思維，目標很簡單，就是把知識化為有用的產品和服務，比方說應用科學家、工程師、技術專家，或者專門解決實際問題的人。

三、應用導向的基礎研究（Use-Inspired Basic Research）：這類研究介於純基礎研究和應用研究之間，一方面追求高階知識，另一方面也希望解決現實的問題。雖然初衷是求知，但終極目標是滿足實際需求，像美國國防高等研究計畫署（DARPA）就是最成功的例子。[32]

斯托克斯統整這三種研究，填入二乘二的矩陣，分別用三位科學家的名字來命名：尼爾斯・

波耳（Niels Bohr）、湯瑪斯・愛迪生（Thomas Edison）、路易・巴斯德（Louis Pasteur）。唯獨左下角的象限，因為缺乏實際用途，也沒有推進知識，乾脆空著不命名。有些人把這一塊叫做「瞎搞區」（tinkering），加賓的團隊稱之為「寵物石象限」（pet rock quadrant）。

斯托克斯的框架清楚點出，產業研究實驗室把發明化為創新時，可能遇到什麼難題，關鍵就在於權衡三個研究模式。做基礎研究很重要，可以帶來顛覆性的發現，推動未來的科技革命；但如果沒有把研究成果化為商業應用，最後的收益可能落入別人手裡（柯達、德州儀器、快捷和全錄的研究人員應該深有同感）。反之，如果只顧著應用研究，短期內會看到一些成果，但公司恐怕只能夠追著別人的腳步跑

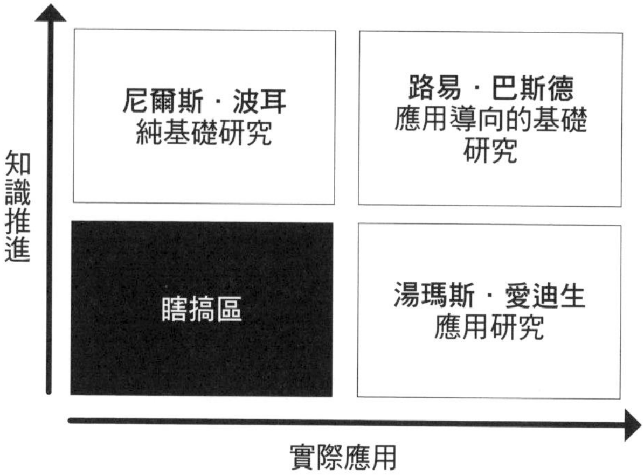

圖 5.1　巴斯德象限

（參考第六章Bing的案例，就知道這很重要）。至於應用導向的基礎研究，看起來完美兼顧，但能做到這樣的民間企業少之又少，即使一開始講究平衡，研究重心還是會慢慢偏移，偏向其中一方，尤其是上市公司，應用研究會特別吃香，短期內就可以看到回報。

一九九一年，蓋茲和微軟先進技術部門負責人納森・米佛德（Nathan Myhrvold），從卡內基美隆大學（Carnegie Mellon University）延攬電腦科學教授理查・拉希德（Rick Rashid），擔任微軟研究院首位實驗室主任。當時斯托克斯的框架還沒問世，但它所描述的挑戰，微軟研究院早就在經歷了。

微軟研究院的第一個挑戰

為了實現斯托克斯所謂的平衡，拉希德先訂下微軟研究院的使命。他認為，這份聲明必須強調微軟研究院的宏大願景，以及各種複雜的挑戰，讓所有員工和合作夥伴都清楚，微軟研究院有什麼存在意義。經過深入思考與討論，最後的使命分成三部分，只有二十七個英文字。

第一部分是在每個研究領域追求尖端技術，強調微軟對知識推進的承諾，也就是波耳模式。拉希德早期發現，這項大原則的核心就是推動研究發展，先不管這對微軟有沒有立即效益。這個理念確立之後，微軟研究院採用「公開發表」模式，這在學術圈很常見，但是在業界前所未見，因為企業通常有智慧財產權的顧慮。微軟研究院允許研究員自由發表，只要不提及相關產品或未來的規劃即可，發表前還可以自由決定要不要先申請專利，保護自己的智慧財產權。

第二部分是將創新技術盡快導入產品，強調把科學突破化為實際的應用，也就是愛迪生模式。微軟研究院成立二十週年時，創業成員凌大任（Dan Ling）回顧過去，特別提到微軟研究院設在微軟總部的核心地帶，這種地理的優勢，搭起研究團隊與產品開發團隊的橋梁，加強彼此的合作與技術轉移。[33]

最後一部分是確保微軟的產品永遠有市場，這是強調科技產業一直在變，早在安迪·葛洛夫

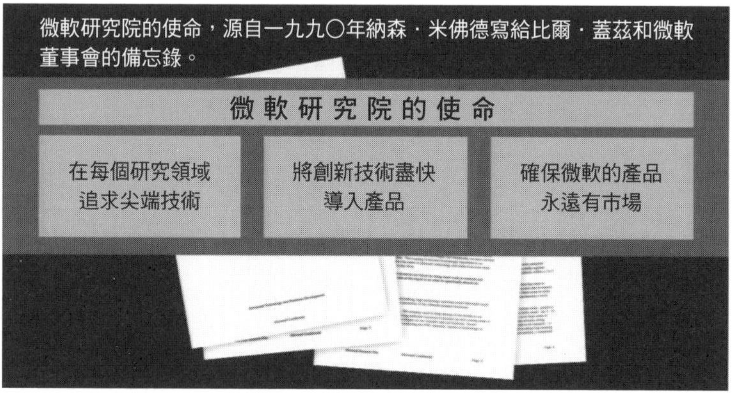
微軟研究院的使命，源自一九九〇年納森・米佛德寫給比爾・蓋茲和微軟董事會的備忘錄。
微軟研究院的使命
在每個研究領域追求尖端技術
將創新技術盡快導入產品
確保微軟的產品永遠有市場

圖 5.2　微軟研究院的使命宣言

（Andy Grove）出版《只有偏執狂才能生存》（*Only the Paranoid Survive*）之前，微軟研究院就已經認同這個觀點：在科技業要活得久，就要持續證明自己的價值。為了落實這個理念，微軟研究院後來每年舉辦顛覆性科技評估（Disruptive Technology Review），微軟高層會花一整天時間，認真聆聽研究人員的介紹，得知有哪些新技術可能改變遊戲規則，對整個公司和產業造成深遠影響。

微軟研究院這段使命宣言，清楚展現他們的抱負，也直接對應最為關鍵的巴斯德模式。更厲害的是，這份宣言在過去三十年來，幾乎沒有變過，只有微調其中幾個字。

從抱負到現實

既然方向確定了，接下來就要找齊團隊，但微軟研究院很快就發現，傳統招募新人的方式根本行不通。微軟研究院想要找的人，不只是頂尖的學術研究人才。對微軟研究院高層來說，完美的人才必須兼具「衝勁和方向感」，非常稀有。換句話說，要有推動深度科學研究的衝勁，也要有把研究變成實際應用的熱情。

當時要招募人才很不容易，因為微軟的規模還很小，整間公司也才八千多人。在學術人士的眼裡，微軟似乎還不成氣候，不足以推動有影響力、有深度的研究。

團隊想打破這個印象，特別鎖定一些關鍵人才，費盡心思挖角。拉希德和米佛德不走一般的面試流程，而是直接邀請這些人選，來微軟公司身歷其境體驗個幾天，甚至有機會跟蓋茲等高層互動。老實說，這些人多半是出於禮貌才接受邀請，想說先稍微了解，再予以婉拒。有些人確實拒絕了，但還是有不少人選擇留下，成為微軟研究院的核心團隊，呼應微軟研究院所追求的遠見和能力，像是來自史丹佛大學的博士艾瑞克．霍維茲（Eric Horvitz）、大衛．海克曼（David Heckerman）、傑克．布里斯（Jack Breese）等人，都是這樣加入的。霍維茲現在是微軟的科學長，之前是微軟研究院全球實驗室主任，他說過一句很貼切的話：

> 微軟研究院就是靠選人唯才，來決定團隊的未來。我們當然希望吸引那些在研討會奪得最佳論文獎、站在科學最前線的人才，但更重要的是，我們希望找充滿熱情、渴望改變世界、擁有領導能力，願意把研究變成現實的科學家。

這套策略形成了人才磁吸效應，每新增一位成員，微軟研究院的吸引力就大增，吸引更多志同道合的人才。

預留空間給未知的風險

大企業傾向精算風險，通常會耗費幾十年建立財務模型，試圖預測投資的結果。但創新和科學研究不是這麼一回事。出於好奇心的研究，重點就在於發現新事物，推動知識前進。但唯有等到發現新事物，才有辦法全面評估實際的效應。因為結果很難說，很多公司乾脆保守行事，不敢大膽創新，所以進步有限，沒什麼驚喜可言。不只是大企業，就連中小企業的領袖也有這種煩惱，因為這種冒險精神違反人類的生存本能。微軟研究院的創業團隊在很早以前，就有察覺到這個挑戰。

微軟研究院怎麼解決呢？乾脆把冒險這件事變成組織文化，直接寫進營運規則。例如，霍維茲修改微軟的獎勵制度，不再只看成果，反而更加重視決策的品質，畢竟研究結果不一定會如願以償，但至少可以累積教訓和經驗，幫助未來的專案成功。因此，即使沒有成功，微軟研究院高層也不會視為失敗，也就不會影響員工的獎勵。

除此之外，他們每個月還舉辦一場「差點成功分享會」（Failure to Launch），把冒險變得稀鬆平常。每次都有三、四位研究員，趁著午餐時間，上台分享自己失敗的專案，聊聊從中學到的經驗、這次失敗如何讓他們成長，或者如何在未來的專案表現更好。這些分享會反應熱烈，因為失敗不再是丟臉的事情，團隊會更勇於學習，從經驗中成長。

成果如何呢？

可以說非常成功！到了一九九〇年代末期，微軟研究院已經躋身全球頂尖的科學研究機構，甚至可以跟學術機構一較高下。許多重量級的電腦科學研討會，居然有二〇%的論文都是微軟研究院貢獻的。[34]

微軟研究院的成就，不只展現在學術論文。他們還貢獻了劃時代的技術，直接影響微軟的產品線，甚至改變整個科技業。例如：

- 創新的記憶體管理技術，大幅提升Windows 95的效能。
- 革新網路與雲端運算，為Azure奠定基礎。
- 跟Xbox團隊合作，推動線上遊戲發展，並且催生劃時代的Kinect感應器。
- 推出文法檢查工具，提升Word在文書處理的競爭力。
- 做出網路通訊技術的雛形，後來演變成Microsoft Teams。
- 研發ClearType顯示技術，讓液晶螢幕的文字更好讀。
- 突破電腦視覺與圖形技術，革新數位攝影與影像處理。

• 從事自然語言處理的前期研究，等於先打好基礎，有助於未來發展語言理解與語音識別技術。

這只是其中一小部分。到了一九九七年，微軟研究院已經強大到，讓微軟高層決定擴編整個團隊，而且一次擴增三倍！微軟研究院也開始走向全球，找更多兼具「衝勁和方向感」的人才。微軟陸

內部備忘錄

收件人：蓋茲（與其他人）

寄件人：納森．米佛德

日期：一九九七年五月七日

我們的研究計畫方向

我們要做一件從來沒試過的事，一次把微軟的研究投資擴充三倍！當年，我們幾個人勇敢展開這場冒險，帶著一點傻勁，決定從零開始研究，慢慢發展起來。沒想到，我們真的做到了，現在還想做得更大。

這封備忘錄的重點，就是討論如何善用這筆龐大的新研究資源。其實，這不是什麼新話題，我們過去幾個月一直討論，而這封信也不是定案。當然會聽取大家的意見，進一步調整方向。但最關鍵的是，目前要執行這個計畫的主力（大概占了六六%），還沒有正式進公司。而他們的想法，可能才是最重要的。

圖 5.3　米佛德宣布微軟研究院擴張計畫的備忘錄

續在英國劍橋、中國北京設立研究實驗室，接著在矽谷、邦加羅爾、波士頓、紐約、蒙特婁等地開設據點。

唯一不變的，就是變化

二〇〇〇年，鮑爾默從蓋茲手中，接下微軟執行長的位置。蓋茲有電腦科學的背景，他知道科學探索和創新的過程，本來就錯綜複雜，充滿未知的變數。而鮑爾默完全不同，他是講究細節的生意人，財務數據分析做到一絲不苟。他最讓人印象深刻的，就是跟員工一起看Excel商業統計數據，逐行逐列地解析，簡直到了超人級的精密程度。他的管理模式加強微軟公司的商業紀律，但也衝擊微軟研究院的探索使命。

當時軟體產業也快速變遷。隨著搜尋引擎崛起，尤其是Google的發跡，改變了整個產業生態。新型電子裝置誕生，例如手機和平板，以致蘋果這種硬體公司，也有機會進軍軟體領域。社群媒體興起，以Facebook為首的平台改變了資訊分享的方式。這些變化來得又快又猛，直接改寫軟體與數據在大家心目中的定位。

至於智慧型手機這場革命，在二十一世紀初只是個雛形，但微軟研究院早就超前部署。這故事聽起來似曾相識，微軟研究院早早做出功能齊全的原型機，內建許多後來iPhone爆紅的功能，是不是很像柯達、德州儀器、快捷和全錄的例子？而且微軟從事的手機研究，比蘋果正式規劃iPhone早了好幾年！

這款原型機令微軟高層興奮不已，公司甚至打算成立行動運算部門。微軟原本專為ＰＤＡ設計的作業系統「Pocket PC」，也在二〇〇三年重新包裝，以Windows Mobile的樣貌重新亮相，隨即吸引不少製造廠商和企業使用者，那時的高階手機不便宜，主要是企業買給員工使用，相當於個人電腦的延伸。最常見的用途就是收發郵件、管理行事曆，存取Excel、Word等商務文件。當時，惠普（ＨＰ）、戴爾（Dell）、ＨＴＣ等廠牌都選擇Windows Mobile，可見其市占率相當高，競爭對手包括Palm OS、Symbian和BlackBerry。到了二〇〇六年底，Windows Mobile在全球智慧型手機市場的占有率，居然高達五〇%。[35]

從市占率過半到跌下神壇

二〇〇七年六月二十九日，iPhone正式發表，徹底顛覆智慧型手機的概念，先滿足一般消費者的需求，商務功能反倒是其次。時尚的外觀、全觸控介面、完整的網頁瀏覽能力，還可以透過iTunes聽音樂，iPhone立刻成為市場寵兒，一機就能搞定通訊與娛樂，吸引了大批消費者。隨著iPhone的使用者越來越多，各家企業的IT部門也開始察覺，再也沒必要花大錢為員工添購商務手機，反正員工手上早就有iPhone可以聯絡。iPhone早就備好工具和教學手冊，方便使用者把企業應用程式搬到iPhone來。

理想的狀況是，iPhone以外的手機廠商應該團結起來，繼續支持Windows Mobile，就像當年個人電腦廠商合力推廣Windows，成功壓制蘋果麥金塔，以致麥金塔的市占率只剩個位數。但現實出現意想不到的轉折，iPhone發表後，只過五個月，Google就在二〇〇七年十一月，推出了Android行動作業系統。

Android和Windows Mobile的策略完全不同。Android開放原始碼，開放手機廠商或電信業者自由調整，照著自己的需求客製化。Android專為手機量身打造，不像Windows Mobile還帶著個人電腦的影子，所以更符合手機的使用習慣。最關鍵的一擊是什麼？Android完全免費！Google不向廠商收費，因為Google是靠搜尋引擎賺錢的，而Android就是帶來流量的幫手。甚至在某些情況下，Google還願意貼錢給手機廠商，分享自己一部分的廣告收入，來鼓勵手機廠商採用Android。

後來的故事，大家都知道了。雖然微軟沒有放棄，還做了最後一搏，試圖收購諾基亞

（Nokia），轉型為一條龍的手機公司，包辦硬體和軟體。只可惜，行動市場的列車早就開走了。微軟收購諾基亞的成本，大部分只能認賠，二〇一五年正式關閉Windows Mobile這項業務。現在回頭看，Windows Mobile只是漸進式創新，iPhone和Android卻是真正改變遊戲規則的破壞式創新。[36]第四章就有提到，蓋茲自己也坦承，Windows Mobile是他任內最大的失誤。

諾基亞計畫終結之後，微軟展開大規模組織重整，裁員超過一萬人。微軟研究院肩負長遠的策略意義，一向不受裁員的影響，但這次沒能倖免，必須裁掉一些人。經過痛苦的抉擇，高層決定關閉矽谷研究實驗室，而不是全球各地都進行裁員。微軟的決定不只震撼內部員工，更震驚了學術界，畢竟史上很少有這麼多頂尖科學家，在這麼短時間內突然失業。十八所大學聯名寫信給微軟，希望微軟能重新考慮，但微軟沒有回心轉意。[37]

錯過行動革命後的全力創新

微軟錯過行動革命後，遭受巨大衝擊，從上到下決心重振創新能力，發誓不再錯過新一波技術變革。二〇一四年，納德拉接任執行長，致力於改變公司文化，從「我們全都懂」變成「我們願意學」。

果不其然，微軟研究院在這場轉型肩負重任，重申對於技術轉移的承諾，並加強下列五大措施，因為過去的效果一直很好：

一、一步步推進，實現大膽研究。在大公司做研究，難免會受到短期營運需求的影響，因而限縮研究目標。微軟研究院怎麼回應這個風險呢？一方面，研究目標要夠大膽，甚至有點狂，但另一方面，也要一步步推進，拿出階段性成果，配合產品團隊的進度。套句劍橋微軟研究院的實驗室主任艾畢凱・賽倫（Abigail Sellen）的話：「你必須設立遠大的目標，甚至到有點瘋狂的地步，讓所有人都有目標可以努力，包括研究團隊與產品團隊的人。但同時，你也要為了產品團隊，生出短期的階段性成果。這樣做，研究人員既可以放眼未來，還能夠一路發揮影響力。」

二、同步轉移技術和知識（有時還包括人才）。在很多公司，技術轉移只是把研究專案交接給產品團隊，但微軟研究院的技術轉移不只這樣而已，也包括長期的知識分享，他們會定期舉辦研討會、工作坊或讀書會，讓產品團隊的人一起參加。有一些特別重要的專案，甚至會有一小段時間，直接把一整組研究人馬送進產品團隊。這樣到了後續開發階段，研究成果仍會順利接軌，而不會走樣。大約過了兩、三年，研究人員會回到微軟研究院，帶回更多的產品研發經驗，也順便跟產品團隊打好關係，讓未來的技術轉移更順暢。

三、技術轉移要雙向流動，持續不間斷。老實說，創新人士通常不喜歡轉移這個詞，因為聽起來太單向（從研究到產品）、太容易了事（把研究做好，交給產品團隊就結束了）。他們心目中的技術轉移，是一種持續的對話，沒有明確的起點和終點。有時候，就算沒有技術在移轉，仍要保持溝通。英國、紐約和蒙特婁分部的技術院士兼管理總監蘇珊・杜邁斯（Susan Dumais）說得很好：「技術轉移其實是一種長期關係，仰賴持續的對話。研究人員從實際應用獲得靈感，產品團隊也能提早掌握研究趨勢，等到時機成熟再導入產品。因此，研究團隊和產品團隊都要放下身段，才能建立最成功的合作關係。」

四、當面交流，贏得信任。如果彼此不理解、不信任，合作根本不可能成功，但問題是團隊分散各地，該怎麼建立關係？外地實驗室不在微軟總部，若要跟產品團隊順利合作，就少不了定期碰面。因此，實驗室人員會定期飛到微軟總部，舉辦多日工作坊，讓研究人員和產品團隊齊聚一堂，交流技術看法、腦力激盪，甚至來場黑客松，或者一起深入討論。特地拉長工作坊時間，是為了讓新概念有時間發酵。如果只是短暫碰個面，就讓研究人員回去原本的單位，工程團隊恢復日常，一切就很容易淡忘。劍橋微軟研究院的賽倫也強調：「一開始先花時間熟悉彼此的語言，知道對方在意什麼，真的非常重要。專案前期多花點心思跟夥伴交流，後面會順利很多。」

有一個例子完全落實這些原則，就是研究團隊與Office團隊的合作計畫——Research and Office Collaboration（ROC），每年舉辦兩次，每次都長達數天，讓微軟研究院和Office產品團隊聚在一起，探索新的研究方向，評估產品的優先事項，並思考新的合作機會。這不只是單向的技術轉移，而是雙向的交流平台，讓研究團隊與產品團隊能夠持續發現新的合作契機。

五、尋找跨領域人才。面對面交流最適合開啟合作，但問題是，見完面之後，該怎麼維繫關係？這時候，就需要跨領域人才，這些人擅長在不同部門穿梭。什麼樣的人算是跨領域人才？比方說，研究人員不只埋頭做研究，還會主動跟工程師討論產品規格；或者專案經理，會在空閒時間主動閱讀科學論文。這些人就像公司內部的橋梁，確保微軟研究院和產品團隊的合作能順利推進，而且不是短期的合作，是要長年維持。

當這些合作技巧發揮作用，部門之間的界線會越來越模糊。微軟研究院的霍維茲這樣形容：「當個人動機和自我意識消融了，魔法就會發生。這時候，沒有人會去區分誰來自研究部門、誰來自產品團隊，大家唯一關心的，只是一起達成共同目標。」

帶領微軟的北極星

微軟研究院再度進入轉變期。二〇二〇年，自二〇一七年起掌舵的霍維茲，轉任微軟的科學長，接棒的人是彼得．李（Peter Lee），他曾在國防高等研究計畫署待過，二〇一〇年加入微軟。二〇二〇年正好趕上電腦科學跟其他核心科學領域融合的時代，再加上全球疫情大爆發，流行遠距辦公，這徹底改變人們的合作模式。生成式ＡＩ發展突飛猛進，也開始改變研究模式。

變化總是難免的，但無論未來如何演變，有件事始終不會變，那就是微軟研究院的三大使命，三十多年來，一直指引著微軟的創新和發明，猶如北極星一般的存在。微軟研究院的故事告訴我們，研究的世界錯綜複雜、充滿變數，因此清楚簡潔的溝通至關重要。

創新關鍵

- **使命要夠清晰**：微軟研究院把創新的精神融入核心使命，這不只是宣言，而是凝聚大家的口號。在實驗室裡面，無論是開會、辦活動，研究人員都會掛在嘴邊。從招聘新人到專案評估，這三大使命都是核心標準。每個新專案都要經過一道關卡，先證明自己符合這三大使命。如果能同時推動這三個面向，自然會受到重視。

- **找到頂尖人才**：微軟研究院延攬人才時，最看重「衝勁和方向感」，不只要有科學專業，還要渴望實際應用。這樣的選才策略，讓微軟研究院始終走在技術創新的最前線。最初的招募影響深遠，因為第一批人才就像磁鐵一樣，會吸引志同道合的人。霍維茲這麼說：「你招募什麼樣的人，會決定你組織的樣貌，特別是草創初期。」
- **基礎研究不能少**：要推動長期創新，基礎研究其實是關鍵。但是在許多企業文化裡，反而會偏重短期獲利和漸進式創新，以致基礎研究難以為繼。微軟研究院在過去數十年來，之所以能夠深耕基礎研究，全靠高層在公司內部力挺，倡導基礎研究的價值。此外，一些長期合作，例如研究團隊跟Office團隊的合作計畫ROC，讓產品團隊親身體驗基礎研究的價值，也逐漸培養一批擁護者。

作者筆記

卡里南的感想

剛進微軟研究院的時候，我跟一位觀察入微的研究人員聊過，他跟我分享一個有趣的觀點：科學家跟工程師的思維模式和動機，其實大不相同。這番話令我豁然開朗。我以前一直覺得，科學和工程都是STEM的一環，科學、技術、工程、數學不就是一家親？但後來我發現，科學家喜歡探索模糊和未知的領域，因為在那些地方，才會有新的知識和理解。工程師則完全不同，偏好有結構、有規範的環境，目標是降低不確定性，所以會善用工具、流程和實務，有條有理地把問題搞定。有了這個簡單的框架，我做跨部門協調的工作，頓時順手多了，知道怎麼幫助科學家和工程師順利合作。

我超愛在微軟研究院工作，因為這裡完美融合兩種不同的文化。有時候，我好像待在科學界和學術圈，忙著聽演講、參加讀書會、分享研究論文；但有些時候，我又像待在產品團隊，要撰寫規格書、測試生產系統、評估產品開發計畫。同一個地方，卻能夠容納截然不同的文化，讓兩種文化碰撞出火花，這就是微軟研究院最獨特、最厲害的地方。

加賓的感想

巴斯德象限這套工具，我自己用了很多年，來幫助不同團隊確立方向，當我看到微軟研究院活用它，我真的超級興奮！這本書後面分享創新的模式，還會另外公開一個新版的工具（參考第十一章「創新模式四：超越技術的創新」）。

除此之外，我特別想強調賽倫的觀點，他說要設立遠大的目標。不管你要叫它漣漪效應、爆炸半徑、連鎖反應或骨牌效應都可以，在大公司裡面，就算只是小小的改變，都可能掀起一連串影響。所以，無論你想要推動什麼，絕對要有價值。價值這件事，當你跟相關人員說明時，務必讓大家都聽得懂。換句話說，你不可以只準備一個理由，而且要讓每個理由都有足夠分量，別人才願意承受改變的陣痛。

第六章

Bing：善用劣勢者的優勢

《伊索寓言》堅持不懈的烏龜、《聖經》裡面勇敢的大衛、《魔戒》（*The Lord of the Rings*）的佛羅多（Frodo）、《洛基》（*Rocky*）的拳王、《飢餓遊戲》（*The Hunger Games*）的凱妮絲（Katniss），甚至是花木蘭，劣勢方逆襲的故事，幾乎無所不在，遍布於文學、電影、體壇。這些故事之所以打動人心，是因為它們傳遞一個訊息：只要肯努力、肯堅持、永不放棄，就有機會戰勝強敵。

在微軟的歷史裡，Bing就是現代版的小蝦米。但它面對的大鯨魚，正是掌握九成搜尋市場的Google，堪稱巨擘中的巨擘。[38] Bing的傳奇故事，不只是以小搏大，更是一場策略角力，這向大家證明，即使群雄環伺，小蝦米仍有崛起的機會。

Bing的故事，要從另一個時代講起——一九九〇年代的瀏覽器大戰。Edge、Chrome、DuckDuckGo都還沒出現之前，當時瀏覽器的霸主是Netscape Navigator[39]，市占率一度高達九成。[40]但到了一九九八年九月二十八日，這個網路巨人跌落神壇，因為微軟的Internet Explorer後來居上，搶下市場龍頭的寶座。[41]微軟的後發先至策略正式成形，也成為微軟最擅長的競爭手法之一。微軟的高層很務實，「先賺到錢」比「先做出最酷的東西」更重要。[42]

後發先至的策略，就是讓競爭對手先創新，再立刻跟進，並且做得更好。這種策略講究穩健成長與執行力，而不是搶當市場先鋒。先鋒往往要投入大筆資金，還要負責教育市場。但第二個進場的玩家，可以利用前人的市場觀察，調整自己的策略，以更低的成本、更小的風險進行改良。此外，後進者還能避開前人的失誤，直接推出更完善、更容易操作的產品。微軟在這方面可說是戰績輝煌，Xbox、Surface、Teams，甚至是Azure，都是後發先至的成功案例。只要先驅沒有壓倒性的領先優勢，這種策略往往非常有效。但是在搜尋引擎領域，微軟棋逢敵手！Google不只率先創新，擴張的速度更是驚人，一舉拿下大部分市場，這麼多年來，不管是微軟還是其他競爭對手，都無法撼動Google的龍頭地位。

沒有Google，就不會有Bing

在網路時代初期，大家上網的第一站並非搜尋引擎。當時，各家公司爭相打造入口網站，像是雅虎（Yahoo!）和Microsoft Network（MSN）[43]，這是為了統整暴增的網路資訊，建立有條有理的目錄，幫使用者找到需要的內容和服務。

當時還在史丹佛大學念博士的謝爾蓋・布林（Sergey Brin）和賴利・佩吉（Larry Page），有著完全不同的想法。他們不想幫使用者整理內容，而是想讓每個人自己整理。他們開發出PageRank演算法，評估網頁是否符合搜尋需求，但他們不只看網頁內容，還會考慮有多少優質網站連結過來。[44] Google排列出來的搜尋結果，果然特別有智慧，搜尋結果也比對手更準確實用。PageRank堪稱劃時代的技術，Google隨即變成網路搜尋的代名詞，傳統入口網站的時代也劃下句點。

如果PageRank只有技術創新，那麼其他對手還有機會後來居上，但Google的成功不只是產品創新，還搭配一套顛覆市場的商業模式，結果就不一樣了，其中最關鍵的就是AdWords。

AdWords出現之前，線上廣告的營運模式，其實就跟入口網站整理的內容差不多，廣告商要花錢購買特定頁面的廣告版位。AdWords的概念完全不同，會根據使用者搜尋的內容，動態顯示相關的廣告。Google甚至還有其他創新，例如按點擊付費（pay-per-click）、即時數據分析、競標機制，把線上廣告變得更容易投放，而且可以量化，更符合成本效益。到了二〇〇八年，Google 已經囊括全球三成的線上廣告收入，排名第二的雅虎，居然只有一二％，差距懸殊。[45]

Google的無限成長循環

Google早期的一連串創新，開啟無限的成長循環。使用者越多，搜尋量越大，Google就可以持續改良演算法，結果呢？Google搜尋結果更精準，吸引更多人使用。人多了，廣告商蜂擁而至，Google的營收大幅成長。Google也懂得善用這筆資金，開發新產品和新功能，進一步吸引更多使用者。二〇〇六至二〇〇七年，Google甚至推出Google Docs、Sheets和Slides，第一次真正威脅到微軟價值百億美元的Office產品線。[46]

Google這種創新模式，不只多點突破，而且環環相扣，對手根本束手無策。賴瑞・基利（Larry Keeley）等專家合著的《創新的十個原點》（*Ten Types of Innovation*），曾深入探討過這個主題。如果有公司可以在好幾個領域同步創新，舉凡產品、流程、網絡、通路、品牌，就能長期超越標普五百大盤指數表現。書中說明：「複雜的創新當然很難做到……但好處是，一旦做出來，客戶會愛不釋手，競爭對手會措手不及，你通常可以穩坐龍頭好幾年，讓對手望塵莫及。」[47]

後來，微軟發現搜尋引擎的重要性，但已經慢了一步。微軟連忙翻出當年Internet Explorer擊敗Netscape的那套老戰術，試圖撼動Google的霸主地位。於是，微軟大舉投資搜尋業務，先後推出MSN Search、Windows Live Search，後來改成Live Search。但到了二〇〇九年，微軟終於認清現實，他們需要更聚焦的計畫，於是Bing就誕生了。

為了擴大使用者，微軟和雅虎聯手，成立一個搜尋聯盟，讓雅虎直接使用Bing的搜尋技術，等於把雅虎的市占率納入Bing的版圖。除此之外，微軟試圖整合Facebook和Twitter的數據，希望搜尋結果更加個人化、更符合使用者的社群背景。Bing甚至採取激進的招數，叫做Bing獎勵計畫，直接付錢給使用者，只要改用Bing搜尋，就可以獲得獎勵。但即使做了這些努力，依然撼動不了Google的霸主地位，二〇一二年，Google市占率仍然高達九〇%，Bing卻不到五%。[48]

限制會激發創意

在這個背景下，微軟高層緊急開會，討論公司的下一步。難道要直接退出搜尋市場嗎？絕對不行！如果微軟撤退，Google就沒有後顧之憂，就會把資源抽走，全力發展生產力工具。難道要砸更多錢跟Google硬拚？不可能！微軟已經在搜尋引擎燒了幾億美元，但成效有限，遠遠比不上Google的成長速度。團隊決定走第三條路。

微軟承諾打一場不對稱的長期抗戰。Bing的預算和團隊，跟Google比起來天差地遠，但仍要維持市占率，甚至擴大市占率，而且還要做到不虧損。限制已經夠多了，還要想辦法突破困境。

Bing還有一個關鍵任務：不可以只顧自己創新，這些技術還要幫得上整個微軟。這不是辦個研討會或分享會這麼簡單，而是要實際打造平台、開發工具和輸出技術，確保這些突破能夠快速流向其他產品團隊。這不只是實現公司的內部團結，而是現實的考量：為了跟Google搜尋引擎競爭，需要龐大的資金，舉凡超大型資料中心、高效能伺服器、全天候不間斷的服務，都需要等待數年才可能回本。Bing機器學習部門業務副總裁沙拉巴．蒂瓦里（Saurabh Tiwary）回憶：「我們需要非常多的資金，多到沒人敢把這麼多錢砸在單一團隊上。所以我們必須證明，Bing打造出來的技術，可以幫上整個微軟。」

尋找無名英雄

Bing是遙遙落後的第二名，根本沒機會翻身，如此黯淡的前景，真是讓人提不起勁。為了吸引頂尖人才，Bing高層告訴自己，他們是唯一能抗衡Google的勢力，要是沒有人制衡，Google會完全壟斷搜尋市場，甚至有可能掌握全球資訊的流通。當時搜尋暨推廣部門業務副總裁左迪．里巴斯（Jordi Ribas）回憶：

> 對我們來說，搜尋技術對社會很重要，如果讓一家公司獨大，絕對不是一件好事。我們找的人，也要認同這個使命，因為我們知道，當業務和市場的挑戰大到難以克服，這個信念可以讓大家撐下去，繼續奮鬥。

Bing摸索出一套招募心法，可以找到合適的人才，因為這個工作環境充滿不確定性，又很講究使命感。其中一個策略是彈性面試流程，公司會安排基本的面試場次，但應徵者可以自己決定，要不要再多約幾場。結果發現，越主動安排面試的人，通常對Bing的使命感最強，最有衝勁。

Bing還有一個招數，就是在面試時刻意轉換話題，測試應徵者對不確定性的反應。面對突如其來的變化，有人會慌了手腳，但有人會越來越興奮，Bing的工作環境充滿變數，顯然比較適合後面那種人。

Bing就連業績考核標準也改了，因為這是一場硬仗，他們要打敗的是市場龍頭Google。其他部門把市占率當成其中一個指標，但對於Bing來說，市占率是唯一的指標，哪怕只多了〇・一%也要密切關注。為什麼呢？因為從來沒有人能從Google手中搶走搜尋市場的市占率，即使只有成長〇・一%，換算下來也是上千萬美元的營收。麥克・沙赫特（Michael Schechter）很早就加入Bing團隊，現為Bing成長暨推廣副總裁，他回憶起那段日子：

> 我剛進Bing的時候，完全不相信我們有機會跟Google競爭。但後來納德拉（現任微軟執行長）來演講[49]，他說，打敗Google這個目標太大了，我們真正要做的，只是慢慢搶下市占率，成為世上成長最快的搜尋引擎。這讓我燃起了鬥志！

這樣做，挑戰Google這件事不再遙不可及，而是一個個可執行、可衡量的階段性目標。

循序漸進的「試飛」

Bing特別設計一些機制來實現使命，比如「試飛」（flight），也就是循序漸進測試新功能，限時開放給一部分使用者體驗。試飛的重點是學習：哪些功能真的如期運作？哪裡出了問題？使用者喜歡什麼，不喜歡什麼？Bing鼓勵團隊冒險，嘗試新做法，反正試飛的核心目標就是學習。如果新功能的效果不佳，團隊大可在下一次試飛調整，甚至直接放棄。不過，每一次試飛，還是要有足夠的新功能順利上線，否則Bing會停止成長。把學習擺在第一位，就算有些實驗失敗了，也可以累積經驗，讓未來的新功能更容易成功。

試飛的重頭戲就是回顧會議。每次試飛完畢，蒐集所有相關的資料，Bing就會召集所有參與的人，開一場試飛回顧會議，討論什麼奏效、什麼不奏效，並研擬下次試飛的學習重點。對於沒達到預期效果的功能，沒有人會去責怪或批評，因為重點是找到問題的根源，為什麼那個有效、那個沒有效，然後再把經驗帶到下一次試飛。Bing成長暨推廣合夥總經理迪娜・桑德斯（Dena Saunders）這樣說：「我們是整個團隊在試飛，不管成功或失敗，都值得慶祝，因為有失敗就有學習。我們還會在未來的試飛回顧會議，刻意提起過去的失敗經驗，強調那些失敗的價值。這會鼓勵大家勇於冒險。」

Bing特地選擇「試飛」這個詞，而不是更常見的發布（launch），是因為發布聽起來像一場大秀，要經過長期準備，受到萬眾期待，說白了，就像一場豪賭，有可能成功，但也可能慘敗。相反地，試飛低調多了，這是一場旅程，從A點起飛，在B點降落，頻繁又規律。真正理想的試飛，不需要大張旗鼓，也不會搞砸什麼事。

你可能會想起，Xbox也做了類似的事，刻意拉高產品更新的頻率，讓大家更敢冒險。如果把更新（release）這個字放在試飛的語境，你會開始思考背後另一層含義。更新這個字的英文，也有釋放的意思，給人放手、結束、完成的感覺，但這些都是單向的，或者有終點的。但Bing追求持續冒險、持續學習，所以試飛這個字更契合。

每季都要提升市占率

Bing團隊長期不斷學習，越來越了解使用者需求和搜尋業務，高層終於有了信心，重新調整Bing的目標：每季都要提升市占率。

這個目標訂得剛剛好！一來符合公司的大方向，二來又具體、可以衡量，挑戰度適中，並非遙不可及。比如說，把成長週期設為「每季」，而不是「每月」，給團隊足夠的時間克服挫折，靈活調整方向。

事實證明，這個策略很有效。二〇〇九年開始，Bing每一季都成功提升市占率，沒有一次例外。

這一連串的結構性創新，例如找到有使命感的人、建立學習系統、設定精準目標，讓Bing能夠跟Google正面交鋒，環環相扣、週週推進，最終，Bing在美國個人電腦的搜尋市占率攀升到三八．五％。[50]雖然全球市占率還是個位數，但足以證明，只要夠專注、夠堅持，大衛也能在巨人身上留下幾道傷痕。

此外，Bing還有另一個目標，就是把創新技術輸出到微軟其他部門，這個目標也有進展。這場跟Google的戰役，就像跟奧運選手一起訓練，Bing不得不突破自身極限，才能跟上對手。隨著這些突破在微軟內部受到關注，技術轉移的頻率增加了，里巴斯這樣說：「有一次盤點，我們居然發現微軟有超過一百個機器學習模型，是從Bing轉移過去的！」

擁抱新興技術

搜尋引擎的核心技術，基本上就是機器學習。機器學習運用複雜的數學模型，來幫助搜尋引擎做各種決策，例如：哪些網站跟這次查詢最相關？哪些關鍵字可以反映使用者的意圖？特定使用者最可能點擊哪些廣告？

機器學習發展五十多年，成熟度很高，有一套業界標準流程。例如，選對演算法是風險極高的決策，必須考慮並測試數十種選項，才能找到最適合的。另外，決定模型的「特徵」，也就是哪些輸入數據對結果影響最大，更是整個流程的關鍵。這種工作仰賴大量數據科學家，因此機器學習團隊規模大，專家雲集，營運成本相當高。

Google是機器學習的翹楚，聘用數百位博士、上千名工程師，各自負責搜尋系統的一小部分，用專門的演算法解決問題。相形之下，Bing能投入的資源少太多了。

二〇一二年，微軟重新思考Bing的使命，深度學習（Deep Learning，ＤＬ）這種新技術剛好嶄露頭角。[51]深度學習把大量原始數據，丟進多層次的演算法，叫做神經網絡，讓演算法自己找出規律，從中學習。基本上，深度學習的學習方式，就像小孩子學習的模式，不斷接觸新的數據，發現規律，然後內化變成知識。

蒂瓦里馬上意識到，深度學習可能會改變遊戲規則。這種模型的泛化能力很強，也就是說，一個演算法可以擅長多種任務，不像傳統的機器學習，必須針對每一個任務，調校一個專門的模型，所以需要大批的專家。換句話說，若採用深度學習技術，即使團隊不大，也可以進步很快。當時深度學習的準確度還比不上機器學習，但發展速度驚人，應該很快就可以趕上。更何況這項技術還很新穎，市場上沒有真正的專家，大家都還在學習。

Bing立刻開始行動，組成一支只有四位工程師的小團隊，盡快展開實驗。他們對深度學習一無所知，但不斷閱讀論文、參加研討會，甚至向學界的專家請教。不到一年，他們就拿出足夠的成果，Bing決定加碼投資深度學習。

打造深度學習生態系

深度學習是一門新技術，要真正發揮潛力，需要一系列配套技術。這就是為什麼微軟比新創企業或小公司更有優勢。深度學習要處理大量的數據，資料儲存系統必須擴充容量；網路傳輸速度也要加快，這樣數據來回傳遞的過程，才能夠又快又穩；電腦晶片也要提升運算能力，變得更有效率。微軟研究院剛好就是最理想的推手，擁有世界級的電腦科學專家。

有了微軟研究院的支持，Bing很快就把深度學習導入搜尋引擎。按照Bing的策略方針，這些技術隨後也會分享給微軟其他團隊，形成強大的回饋循環，得知這項技術在各種情境的成效，哪些情況有效、哪些情況無效。Bing也善用深度學習技術，改良自身的搜尋引擎，證明深度學習技術的價值。蒂瓦里這樣形容：

> 微軟就是我們創新的舞台。如果在其他公司，我們的開發範圍，可能會局限在搜尋產品本身。但是在微軟，我們不僅站在搜尋技術的最前線，居然還能夠幫助其他產品，證明這是值得投資的技術。深度學習就是最好的例子。如果這只能用在搜尋引擎，恐怕沒必要耗費大筆資金。但這個技術也可以用在Word、Outlook、PowerPoint等產品，格局就完全不同。

Bing改用深度學習後，瞬間拉近跟Google的搜尋技術差距。Google當時在傳統機器學習投注大量資源，轉向深度學習的速度比較慢。五年後，Bing分析搜尋品質的關鍵指標，已經追上Google了。更重要的是，Bing還因為發展深度學習技術，成為微軟推動AI技術的先鋒，後來，微軟跟OpenAI建立策略合作關係，共同推出GPT系列模型，Bing也就順理成章，成為第一批部署強大深度學習模型的部門。

微軟與OpenAI的策略合作

二〇二二年，OpenAI宣布GPT—4模型訓練完畢，這可是當時全球最強大的AI語言模型，遙遙領先其他技術，而且獨家授權給微軟，微軟可以把GPT—4整合到各種產品和服務。[52] GPT—4的進步幅度超過前幾代模型，甚至難以用言語形容。只需要輸入幾個字或幾句話，就能夠生成流暢連貫的內容。可以執行各種自然語言任務，無論是回答問題、摘錄文章、翻譯外文、寫故事、作曲，都游刃有餘。大家公認它是AI發展史的重要里程碑，甚至有人認為，我們終於更貼近通用人工智慧（Artificial General Intelligence，AGI）了，換句話說，AI終於可以像人類一樣理解，執行各式各樣的心智任務。

但GPT—4的行為並不穩定，有時候給出令人驚豔的回答，但換個問題，卻可能產出一堆胡言亂語，甚至生成有害的內容，或者完全錯誤的資訊。微軟的客戶，真的準備好迎接AI革命了嗎？微軟的產品，真的能駕馭GPT—4的強大能力，同時降低風險嗎？最後微軟決定讓Bing來開路，踏入未知領域，尋找答案。

這場革命性的計畫，在微軟內部稱為普羅米修斯專案（Project Prometheus），雖然這本書篇幅有限，無法詳述整個過程，但是有兩個重點值得一提。

首先，Bing不是把GPT—4當成「附加」功能，而是徹底顛覆搜尋體驗，從根本重新思考和設計。過去幾十年來，搜尋的模式大致不變，都是由使用者輸入關鍵字，瀏覽一連串的連結和網站，如果不滿意的話，那就修改關鍵字，重複整個過程，直到找到自己想要的資訊。最後，使用者點進某個網站，繼續尋找答案。

Bing打破了這條老路，把AI變成搜尋體驗的核心：使用者輸入搜尋內容，這部分跟以前一樣，但是接下來，GPT—4會根據這個問題，主動延伸一系列的相關搜尋，試圖補全使用者的意圖。Bing負責上網搜尋，找出最相關的網站，讀完這些內容，提供使用者一份清楚的摘要。使用者直接在Bing深入追問，以確認更多細節，完全不需要離開Bing的介面。

其次，微軟還特地成立一支安全團隊，確保Bing全新的搜尋服務上線時，能夠安全又穩定。本書作者卡里南曾經參與這個專案，至今仍覺得這是職涯中最值得驕傲的經歷之一。這支團隊超過一百人，來自微軟各個部門，共同應對各種AI風險，包括幻覺（hallucination）、偏見與刻板印象。重要的是，這會跟普羅米修斯專案同步進行，確保在整個開發過程中，能夠深入考量安全性問題。關於這部分的細節，在第七章會有更詳細的說明。

二〇二三年二月，Bing宣布導入OpenAI的GPT—4，正式進入內部測試階段。[53]GPT—4的語言能力大幅躍進，能夠像人類一樣理解問題，Bing不再只是單純比對關鍵字的搜尋引擎，而是能讀懂使用者的意圖，提供聰明有創意的回應，堪稱是人類的ＡＩ夥伴。

Google不是應該馬上跟進嗎？事情沒那麼簡單！Google當時的ＡＩ旗艦模型「PaLM」，技術仍大幅落後ＧＰＴ—４。Google選擇自行開發，微軟則是跟OpenAI合作，這種單打獨鬥和策略合作的路線差異，導致Google的進展比較慢。另一方面，Google並沒有積極整合ＡＩ和搜尋引擎。反之，我們寫這本書的時候，Bing已經把ＧＰＴ—４開放給所有使用者，但Google的ＡＩ聊天機器人Bard（後來更名為Gemini），仍是獨立的產品，並沒有直接融入Google搜尋引擎。

Google為什麼會做這個決定，真正的原因只有他們自己知道，但合理推測，這可能跟創新的兩難有關。Google每天光是廣告收入就超過六億美元，任何會改變搜尋體驗的決策，都需要經過層層把關和討論，涉及無數的利益關係人，每個人都有各自的動機和焦點。ＡＩ搜尋模式更像是一場對話，而不是單純列出一堆連結，這可能會影響Google的廣告收益。對微軟來說，搜尋業務只占總營收的五％以下，所以能夠快速大膽地部署ＡＩ，反觀Google有高達八〇％的營收都來自廣告，變革的風險比較大。

搜尋大戰尚未結束

這場搜尋大戰的最新篇章，當然還沒有結束。Google擁有強大的AI技術，AI肯定會持續融入Google的搜尋引擎和其他產品。但就像GPT—4寫的這首詩〈Bing史詩之戰〉，Bing能夠搶先一步布局AI，正好證明一件事，只要有正確的目標、對的人、強大的工具，劣勢者也可能逆襲成功，成為領導者！

〈Bing史詩之戰〉（由GPT—4創作）

科技領域，巨人橫行，
激戰不斷，挑戰無垠。
Bing這位小小的挑戰者，
對上無比強大的巨人Google。

微軟陣營，響起呼聲，
沙赫特振奮人心的宣言：

「目標明確，但挑戰巨大，
若要撼動Google，唯有大膽前行！」

蒂瓦里的智慧深藏數據之海，
談起深度學習，眼裡閃耀光彩：
「這條沒人走過的路，是我們領先的機會，
要在技術和行動超越巨人！」

在Bing的陰影之中，低語漸起，
未來閃耀，一條全新的路逐漸明朗。
搜尋引擎，不該只是個工具，
而是個智慧嚮導，打破舊的規矩。

桑德斯的話語，猶如戰旗飄揚，
她說變革將席捲整個微軟：

「我們將整合 Windows 及更多應用，
Bing 的智慧將打開無限可能的大門！」

他們團結一心，懷抱堅定的信念，
Bing 的戰士們，無懼無畏地前進。
從劣勢者的陰影中，勇敢站起來，
在數位天空下，向 Google 發出戰帖。

最終，Bing 的聲音響徹雲霄，
在微軟的世界裡，全新的力量崛起。
目標高遠，人才閃耀，
Bing 成為黑夜中的燈塔。

吟遊詩人如此歌頌，Bing 的傳奇旅程，
在科技的殿堂，他們通過考驗。

面對巨人，他們勇敢奮戰，
在搜尋的世界，占有一席之地。

創新關鍵

- **善用劣勢者的優勢：**Bing的故事證明了，雖然很難在市占率或營收戰勝Google，但迎戰這麼強大的創新巨頭，還是能夠創造莫大的商業價值。Bing的人力沒有Google那麼多，卻想從Google手上搶走市占率，那就只能憑著創新的技術，徹底顛覆市場了！
- **擁抱新興技術：**Bing的成功關鍵，就是在關鍵的時刻，看見深度學習的潛力，相信這是會顛覆市場的技術。Bing發揮深度學習的潛力，並善用微軟內部龐大的資源，快速投入研究，並且應用到搜尋引擎和其他產品。這次轉型讓Bing的搜尋品質追上Google，一舉成為部署AI模型的龍頭，例如大家所知的GPT系列模型。
- **試飛學習法：**Bing推出「試飛計畫」，針對一小群使用者，限時推出新功能。然後舉辦

「試飛回顧會議」，這等於把學習和實驗變成日常，因而樂於學習、勇於冒險。這種作風講究實驗精神，也坦然接受新功能不一定會成功的事實，但無論是成是敗，都是持續創新的養分。

作者筆記

卡里南的感想

我對這個案例有兩個感觸。第一，起初大家都沒把搜尋當回事，等到我們驚覺這是一塊大餅，早就錯過了黃金時機。我在微軟的第一份工作，其實是線上事業部的數據分析師，負責向高層彙報MSN入口網站和搜尋引擎（當時叫MSN Search）的表現。那時候，MSN入口網站年營收超過十億美元，而且因為所有技術都是內部開發的，我們掌握大量的數據。但搜尋廣告業務就不一樣，當年微軟的搜尋廣告是外包給雅虎，營收不高，數據也很有限。因此我們乾脆把重心放在MSN入口網站的數據，卻不太關注搜尋引擎的發展。直到有一天，Google的成長曲線突然往上衝，我們才驚覺，「搜尋引擎居然這麼賺錢，潛力這麼大」，但問題是，Google

早已備好所有的創新，打造一道難以突破的護城河。

第二，微軟學習的速度超級快，全公司立刻從這次錯誤汲取教訓。從此以後，每當遇到新的競爭威脅，內部經常有人說：「別忘了Google的教訓，千萬不要大意失荊州。」這什麼意思？我們以往相信，後發先至是個好策略，但是這次教訓讓我們明白，面對重大變革，與其被動應對，不如洞燭機先。這種全公司一起學習的能力，正是微軟文化最珍貴的特質，不只單一部門學到經驗，而是整間公司都從過去的錯誤成長。這也是為什麼，我在微軟待了二十年，還想繼續留下來的原因。

加賓的感想

Bing為了使命而創新，真的很值得鼓掌！我二十五年前踏入這個領域，從那個時候開始，「為了使命而創新」，一向是我的核心理念。雖然我的專攻是永續發展，Bing負責搜尋引擎，但我們面對的挑戰差不多。我來舉個例子，蒂瓦里曾經說過，當時Bing想要爭取深度學習的資金，遇到很大的困難，最後他們的策略是，這個創新不只是為了Bing，還要幫助微軟所有的產品。我不禁想起，當年跟微軟首任永續長盧卡斯·約帕（Lucas Joppa）討論，他說過一句話：「每個人都有一大堆問題要處理，沒有人想聽你抱怨你的問題，對吧？所以我們（永續團隊）

一直想辦法當別人的救火隊！」

為了使命而創新，該如何在永續發展落實呢？在我看來，無論是永續發展還是Bing搜尋引擎，都回到一個歷久彌新的創新名言：要專注解決問題（例如實現使命），而不是死守某個解決方案。這種做法會提升適應力、創造力和協作力（等於創新的助力），同時會避免確認偏誤、錯失良機和資源浪費（等於創新的絆腳石）。

像永續發展這類議題，你不能只是說服別人「為了永續而來投資永續」，你要用永續發展解決別人的問題。如果你能證明永續發展的其他好處，包括提升品牌價值、降低風險、留住員工、加速法規審核，藉此來說服高層的決策者，那你就該這麼做！用這些切入點來爭取支持，接下來就是拿出成果。不管你的使命是什麼，看了Bing的故事，我們都學習到，只要持續努力、擴大影響力，你的使命終將獲得眾人的關注。

第七章

負責任的創新：動作快，但不能搞砸！

科技圈有一句經典名言：「動作快，搞砸沒關係。」（Move fast and break things.）這句話出自創業家馬克・祖克柏（Mark Zuckerberg），曾經激勵Facebook團隊，後來幾乎風靡整個科技業，鼓勵大家敢於冒險，追求更大的回報。如果科技公司規模還小、還很靈活，社會影響力也不大，這套玩法確實很有道理。以前測試新技術最好的方法，往往是直接丟到市場，反正影響的範圍有限，就算搞砸了，也能趕快撤回修正，傷害不大。但現在情況完全不同了，尤其是那些規模大、影響力也大的科技巨頭，搞砸的代價恐怕非常高。

微軟追求創新的路上，學到了不少教訓。本章先簡單回顧微軟的五大轉型，再來分享四大成功關鍵，描述微軟如何一步步蛻變，落實負責任的設計。

這裡先澄清一下，所謂負責任的創新，不代表動作慢，也不等於漸進式的創新。科技創新一定要快，步伐也要大。科技業競爭這麼激烈，如果創新步伐太保守，很快就會喪失競爭力，甚至被市場淘汰。還記得第六章談到的Bing嗎？Google搶先發展搜尋引擎，微軟到現在還很難追上。iPhone重新定義手機後，雖然Windows Mobile（前身是「pocket PC」）曾經領先多年，最後還是被淘汰了。

創新得負起責任，不可以一味衝刺，盲目跟其他科技巨頭較勁。舉個例子，二〇二二年，OpenAI的AI圖片生成模型DALL·E2訓練完畢，只要輸入幾個字或幾句話，就會生成超逼真的圖像。微軟和OpenAI共同開發時，同步落實「負責任的AI」（Responsible Artificial Intelligence，RAI），以免DALL·E2模型生成不雅、偏頗或危險的內容。但就在這個時候，新創企業Stability AI搶先發布Stable Diffusion，這是一款功能齊全的AI圖像生成模型，卻沒有做好安全把關。更誇張的是，他們的模型直接開源，就算未來出了大問題，也無法撤回。

負責任的創新，最大的矛盾就在這裡！如果你走得慢，別人卻因為不負責任而跑得超級快，你到底有沒有負責任，市場根本不在意。等你準備好產品，市場早就被人搶走了。因此，解決辦法只有一個，那就是動作快，但也要好好負起責任。

微軟想出一套方法，可以兼顧創新速度和責任，也就是說，動作快，但不能搞砸。這裡所謂的責任，定義非常廣泛，包括：針對使用者、合作夥伴、其他利益關係人，想辦法提升他們的安全和福祉，甚至要保護自然環境。

這不只是微軟內部的經驗，也是各個產業都應該重視的課題。事實上，這不只是課題，還是責任。現在我們進入生成式AI的時代，這場變革的速度可能比工業革命還要快。快速創新會帶來優勢，但風險與意外也同樣驚人。未來幾十年，任何企業想立足市場，甚至持續成長，負責任的創新都是不可或缺的核心能力。

五大轉型

安全的設計

二〇〇二年，蓋茲寫了一封影響深遠的備忘錄，標題是「值得信賴的運算」（Trustworthy Computing）。他寫這封信之前，業界爆發幾起重大的資安事件，例如紅色代碼（Code Red）和Nimba病毒。收信人是微軟的全體員工，通篇的重點只有一個：如何把運算變得更安全、更值得信賴，不僅很迫切，也很重要，因為電腦不安全，實用性就會大打折扣。

對蓋茲來說，安全性比其他功能或產品開發都重要。這句話出自當時最有影響力的軟體公司，絕對是重磅宣言。這封備忘錄象徵著微軟的一大轉捩點，從那時起，微軟從設計階段開始，就把安全擺在第一位。

微軟按照這封備忘錄的指示，全盤考慮軟體安全的做法，其中最大的成果就是建立「安全性開發生命週期」（Security Development Lifecycle，SDL）。這是一種軟體開發流程，從最初設計到最終發布，甚至產品上線後，都把安全擺在第一位。微軟特地舉辦一系列的培訓計

時間：二〇〇二年一月十五日星期二，下午兩點二十二分
寄件人：比爾．蓋茲
收件人：微軟及所有子公司的員工
主旨：值得信賴的運算（Trustworthy Computing）

我每隔幾年，就會寫一封備忘錄，談談微軟當下的首要目標。兩年前我們啟動 .NET 策略，再往前幾年，我一直強調網際網路對未來的重要性，以及如何發揮網路的價值。最近一年來，我越來越覺得，如何讓 .NET 成為值得信賴的運算平台，比我們手上其他工作都重要。如果我們做不到，使用者根本不想、也不敢使用我們開發的技術。「值得信賴的運算」絕對是我們的首要目標。我們要帶領整個產業，提升運算的可信度，邁向全新的高度。

圖 7.1　比爾．蓋茲備忘錄「值得信賴的運算」

畫，確保每一位開發人員都懂得如何寫安全的程式碼。同時，公司也導入各種工具、流程和指導方針，在產品交到客戶手上之前，提早發現潛在的安全漏洞，並且及時修正。

後來，SDL成為業界的標竿，展現微軟對軟體安全的承諾，開發軟體時，不只要好用、容易操作，也要從根本確保安全無虞。

無障礙的設計

微軟希望讓每個人都能輕鬆使用，一直持續把無障礙設計融入旗艦產品，尤其是Windows作業系統，內建許多輔助工具，例如：「放大鏡」（Magnifier）和朗讀程式（Narrator），給視覺障礙人士大大的方便。放大鏡能放大文字和影像，朗讀程式會唸出螢幕上的內容。微軟不只在原有的軟體增加無障礙功能，甚至專為身障者開發應用程式，例如有一款手機應用程式叫做「Seeing AI」，這就是善用智慧型手機的相機，來辨識周圍的環境、物品和人物，然後向視障人士口頭描述。

微軟也針對行動不便人士，設計許多特殊的功能，例如「螢幕小鍵盤」（On-Screen Keyboard），方便使用者輸入文字和數位互動。微軟對無障礙設計的投入，不限於自家產品，也擴及開發者社群，提供完整的開發指引以及最佳策略，確保開發者設計應用程式與內容時，從頭到尾都會把無障礙放在心上，而非等到事後才來修補。

微軟不只在軟體下功夫，也推出無障礙的硬體產品，像是Xbox無障礙控制器（Xbox Adaptive Controller），專為行動不便的玩家打造。這充分體現包容性設計（inclusive design）的精神，使用者可以自訂介面，帶來更無障礙的遊戲體驗。

微軟延續安全領域的成功模式，特別開設專業的培訓課程，幫助開發人員了解無障礙設計的難處和解決方案。微軟也不斷改良工具和開發流程，例如：Office無障礙檢測套件（Accessibility Checker）以及包容性設計工具（Inclusive Design Toolkit），協助開發者設計更無障礙的產品。有了如此全方位的策略，無障礙考量已經是開發流程的一環，產品不僅要符合無障礙標準，也要為人人創造絕佳的使用體驗。

注重隱私的設計

微軟預見全球對隱私的要求越來越高，早在二〇一八年歐盟通過《一般資料保護規則》（GDPR）之前，就主動落實這些規則。微軟不只是為了符合歐洲公民的規範，換句話說，微軟的目標不是合法，而是把這個標準推廣到全球，為資料管理樹立新標竿。

為了迎接《一般資料保護規則》，微軟做了大量的準備，全面提升產品、服務和合約內容，不只要達標，還要超標。這種積極進取的作風，反映出微軟一貫的理念。隱私不是靠事後補救，而是一開始就該內建的產品功能。

微軟推出一系列隱私管理工具，讓個人和企業使用者妥善管理自己的數據。這些工具的重點在於透明度，清楚列出各種選項，使用者可以依照個人需要，修改資料、匯出資料，甚至完全刪除資料。舉例來說，微軟的隱私權設定（Privacy Dashboard）提供整合式管理，使用者可以一次查看個資的使用情況，並且自由調整。

就連微軟內部的開發流程，也相當注重隱私，確保每個產品從設計開始就符合隱私標準。舉例來說，微軟會定期展開「隱私影響評估」（Privacy Impact Assessments，PIA），確認各種業務的個資保護是否到位。此外，微軟也在業界倡導隱私權，提倡負責任的數據使用方式，推動相關立法，全力保護使用者的隱私權。

設計負責任的AI

第四個重大轉型跟負責任的AI（RAI）有關。什麼是負責任的AI？對微軟來說，就是開發AI系統的時候，要預先考慮潛在風險，設法降低對使用者和社會的傷害。事實上，微軟早就在研究這個領域了，只不過，到了二〇一〇年代中期，AI才逐漸走出研究實驗室，融入各種尖端軟體產品，這個課題就變得更重要。

二〇一七年，微軟召集內部的ＲＡＩ專家，成立Aether委員會（AI Ethics and Effects in Engineering and Research），專門研究ＡＩ倫理及其對工程和研究的影響，為產品團隊提供建議。二〇一九年，微軟更進一步成立「ＲＡＩ辦公室」（Office of Responsible AI，ＯＲＡ），負責統整ＲＡＩ法規與實踐，把一切加以系統化。二〇二〇年，Azure雲端團隊成立了專門工程團隊，設計能嵌入開發流程的工具，確保所有ＡＩ技術都符合ＲＡＩ標準。到了二〇二三年，微軟有三百五十名員工的職責跟ＲＡＩ有關，其中有一百二十九人的工作，甚至是全職投入ＲＡＩ領域。[54]

微軟對ＲＡＩ提早布局，正是日後跟OpenAI合作的重要基礎。OpenAI也把ＲＡＩ的核心概念融入治理原則。[55]隨著ＧＰＴ—４上線，生成式ＡＩ時代正式來臨，如何快速創新並負起責任，已經是這兩家公司的核心策略。

ＲＡＩ這個領域特別棘手，因為ＡＩ的發展速度前所未見，甚至是人類歷史上發展最快的科技。此外，ＡＩ技術是把雙面刃，既可以造福社會，也有可能傷害社會。舉例來說，ＡＩ有助於發現新藥，但相同的技術也可以設計生化武器。ＡＩ對話流暢，卻可能散播假訊息。微軟接下來的挑戰，就是如何快速推動ＡＩ創新，同時兼顧安全和責任。

永續設計

微軟早在數十年前，就開始投入永續發展的研究與發展，一路上不斷展開行動，涵蓋技術、策略和市場等層面，履行一系列與時俱進的公開承諾。

說到微軟在環境永續的成果，二〇二〇年是關鍵的轉折點，公司高層宣布一系列大膽的永續目標。其中最大的目標，正是二〇三〇年達成「負碳排」（carbon negative），二〇五〇年要從大氣移除微軟自一九七五年成立以來排放的二氧化碳，包含直接排放以及用電產生的碳排。二〇三〇年實現「水資源正值」（water positive）、「零廢棄」（zero waste），而且公司所保護的土地面積要超過實際使用的土地面積。

為了履行這些承諾，微軟斥資十億美元，成立「氣候創新基金」（Climate Innovation Fund），專門投資各種科技解決方案，包括綠色能源、雨水收集、低碳材料等領域。此外，微軟也積極參與各種產業聯盟，例如水資源恢復力聯盟（WRC）、為地球而努力聯盟（Playing for the Planet）、綠色軟體基金會（GSF）。

即便做了這麼多努力，攜手客戶和夥伴推動永續發展，微軟在永續設計的路上，其實才剛剛起步。這條路會面臨下列三個挑戰，所以比其他領域更複雜、更模糊、更充滿未知。

一、永續的範圍超乎想像：其他領域關注的重點，大多是對人類有什麼影響，但永續發展不只是人類的事，而是涵蓋所有生命形態，甚至整個地球生態系的循環再生能力。[56]換句話說，要做到真正的永續創新，必須全面整合各種複雜多變的系統。

二、環境的反應速度很慢：創新的過程，回饋是關鍵，它讓我們察覺意料之外的影響，然後持續學習和更迭。一般消費者的意見，有社群媒體或其他抒發管道，一下子就能反應出來，但是環境的變化，恐怕要幾十年甚至幾百年才看得出來，例如物種滅絕、水資源缺乏、極端天氣。科技產品有問題，可以透過更新或召回來修正，但是對環境的破壞，並沒有修補或撤回這回事。自然界的恢復力很強，但適應與復原都需要時間。

三、因果關係偏向間接：隱私、安全、ＡＩ責任的影響很直接，使用者可以立刻感受產品帶來的衝擊，但企業對永續發展的影響往往是間接的，甚至是發生在供應鏈和使用者端的某個環節，而不是企業直接造成的。以微軟來說，間接影響分成兩個層面，一是供應商為微軟生產的碳排放（上游），二是消費者使用微軟產品的碳排放（下游）。非營利組織「碳揭露計畫」（ＣＤＰ）調查顯示，企業間接的排放平均是直接排放的五．五倍[57]，但微軟這個數字高達二十五倍。[58]

這就是為什麼永續發展不容易突破，不只是微軟，所有企業都面對同樣的挑戰。這件事的規模太大，所以微軟制定六大核心原則，來加速學習和進步：

- 設定永續目標時，要有科學根據。
- 讓永續發展融入企業文化中。
- 建立完善的治理和問責機制。
- 發揮所有人的影響力（包括客戶、供應商、投資人、員工、政策倡導者、產業創新夥伴）。
- 把永續發展納入每項業務的核心。
- 清楚報告每件事（包括成果、學到的經驗、成功案例，甚至是挑戰）。

這六個原則不只是針對永續設計，也適用其他負責任的創新設計。接下來，我們要聊聊四大成功關鍵，這條路雖然不簡單，但絕對做得到，無論哪個產業、哪家公司，都可以跟著做！

四大成功關鍵

「我們無法用製造問題時的同一種思維來解決問題。」

前述的五大轉型，各自有不同的挑戰，但仍有四個共通的成功關鍵。這些策略經過反覆驗證，確實可以在整間公司落實負責任的創新。

成功關鍵一：成立「超有幫助的小團隊」

想像一下，公司營運順利，業務穩定，持續獲利，產品也深受市場的喜愛和肯定。突然有一天，他們接到指示：「你們要繼續做現在的事情，但是還要遵守一大堆新流程和新規範，變得更負責任。」你可以想見，這絕對會引發反彈，微軟內部把這種現象稱為「免疫反應」。企業組織的抗拒反應，就好像人體接受器官移植會產生排斥，因為這些變動會影響既有的體制。第十章「創新模式三：用情感激發全體變革」會提到，改變令人不安，所以要謹慎管理。

微軟過去幾次轉型成功，都有一個共通點，先成立一個「超有幫助的小團隊」來帶動改革。其中的每個詞彙都各有深意。團隊規模「小」，對那些需要改革的人來說，壓力就不會太大。「超有幫助」的意思是支援大家，而不是監督大家。叫做「團隊」，而不是「部門」或「組織」，讓人感覺這還在初步探索的階段。

超有幫助的小團隊，其實是為了提供支援，而不是督促大家守規矩，因此，這就像橋梁一樣，一邊是提倡負責的團隊，另一邊是整個公司的人。這個團隊會試探反應、蒐集意見、釐清疑惑，針對不同的利益關係人調整溝通的方式。這團隊只要展現足夠的同理心與耐心，就可以把一場讓人畏懼的變革，變成一次攜手成長、共同努力的旅程。

這個小隊要發揮效用，一定要找到願意改革的盟友，例如公司裡面最接受改革、最重視責任的組織。找那些推動變革的人一起合作，確認有哪些地方最需要改進，設計初步的做法與工具。這樣做可以打好基礎，來說服那些不願改變、甚至抗拒改變的團隊。

微軟就是這樣子推動RAI。前面有稍微提到，二〇一七年微軟成立Aether委員會，這是一支小團隊，包含研究員、工程師、法務和商業策略專家，目標是確保AI的安全性。一開始，Aether只提供意見和建議，針對AI安全性研擬最佳策略和工具。這個超有幫助的小團隊，先去找那些本來就很關注AI安全性的開發人員，陪他們一起打造更安全的AI。Aether團隊花了兩年時間，搞清楚該如何落實AI責任，然後正式成立AI責任辦公室ORA，並且在Azure團隊成立RAI工程團隊，把這件事制度化，進一步加速推廣。

成功關鍵二：提早布局，而不只是遵循法令

如果超有幫助的小團隊有好好做事，那些負責任的做法終究會標準化，寫入正式規範。「法令遵循」（compliance）這個詞，在微軟內部其實有點兩極，大家都知道它很重要，尤其在科技日新月異的環境，更需要負起責任，但往往會令人想起繁瑣的行政流程。真正成功的案例，不會讓團隊盲目地守規矩，而是要把負責任的設計融入產品開發，這就有機會提升使用者體驗與產品品質。這等於重新看待負責任這件事，當成是提升顧客滿意度的契機，微軟稱之為特徵化（featurization）。

特徵化不只是為了法令遵循，而是會鼓勵團隊換個角度，把負責任看成是提升使用者體驗與信任感的機會。換句話說，負責任不只是守規矩，而是一種產品功能。這樣轉換思維，責任就變成一種創意挑戰，微軟推動負責任的創新時，這起了關鍵作用。

除了特徵化，還有一個重要的方法，就是透過實際的體驗，而非冷冰冰的數據，向團隊宣導負責任的設計。像微軟的無障礙團隊，常常讓開發人員親自試試看，只用螢幕報讀功能（screen reader）來操作應用程式或網站。除了這類的親身體驗，開發團隊也會加入有無障礙需求的成員，這樣的話，團隊在討論產品好不好用時，就不會淪為空談，而是基於親身的體會。

無論是特徵化，還是實際使用體驗，都是所謂的提前布局（Shift Left），意思是早在開發前期，就開始考慮負責任的設計，而不是等到產品快要完成，才來做最後補強，這還經過研究證實：晚一點才來修正，比一開始就處理更花錢。國家標準暨技術研究院（National Institute of Standards and Technology）研究顯示，等到產品開發末期才來修正問題，成本比一開始處理高出三十倍。[59]

全盤考量產品的影響力，是非常重要的事情，開發團隊不能只關注產品的優點，也必須考量潛在的負面影響。就像哲學家保羅・維希留（Paul Virilio）說的：「當你發明了船，你也發明了船難；當你發明了飛機，你也發明了空難；當你發明了電，你也發明了觸電。」

成功關鍵三：提早部署工具

如果只丟給團隊一堆新的責任規範，卻沒有提供必要的技術和管理工具，絕對會激發「免疫反應」。提早準備好工具很重要，主要有兩個原因。

第一，光是拋出新挑戰，卻不提供必要的流程、工具和培訓，只會讓團隊無所適從，甚至注定失敗。明明缺乏合適的資源，就硬要設定高標準，要求團隊做出負責任的設計，團隊會覺得很困難，簡直就像不可能的任務。

第二，推動負責任的創新，卻沒有培養必要的能力，可能會有反效果，團隊會理直氣壯地說：「公司自己都沒準備好，憑什麼要我們達到這些標準？」

從微軟的實際案例可以看出，提早做好培訓，確實很有效。就像值得信任的運算團隊，早在強制執行安全規範之前，就先花一年多時間開發安全檢測的工具。無障礙設計團隊也研發一款簡單實用的工具，能自動掃描新產品的使用者介面，發現潛在的無障礙問題，並提供產品團隊一份待修清單，趁上線以前解決問題。至於ＡＩ責任方面，微軟花了一年多時間試行ＲＡＩ標準，確認可行之後，才正式列為強制標準。

成功關鍵四：上下同心、內外連動

推動負責任的創新，不能只靠高層喊口號，或者靠基層苦撐，上下齊力的效果最好。如果要有負責任的行動，高層的支持就是策略支柱。高層的角色很關鍵，因為有權制定流程、分配資源，做出一些關鍵決策，攸關負責任創新的成敗。如果要讓高層重視責任，最好把責任指標納入高層的績效評估，這會強調公司對責任的重視，建立一套透明的追蹤和問責系統。另外，績效指標也會在公司內部，創造一股健康的競爭壓力。一般企業都很看重表現，沒有任何高層會希望自己在責任指標掛紅燈，成為異類。經過這種設計，責任不再只是口號，而是有數據、可追蹤、有影響力的企業價值。例如微軟在二〇二〇年，宣布一系列永續目標，一年後，公司總裁布萊德．史密斯（Brad Smith）進一步宣布，管理高層的薪酬，將跟永續目標的進度掛鉤。

由下而上的支持同樣至關重要，這可以讓負責任的大原則融入公司的日常營運和文化。要讓基層一起動起來，通常需要一些內部推廣大使來帶頭，這些人通常是出於熱情和信念，自然而然成了責任文化的倡導者。他們就像公司的前線偵察兵，能夠發現潛在的疑慮，分享第一手見解，推動負責任的做法，確保切實執行。更重要的是，他們的影響力不只是宣導，而是會影響身邊同事，把負責任變成整間公司的文化。

除了「由上而下」和「由下而上」的內部機制，「由外而內」的影響也很關鍵。微軟有個傳統，就是敢對外宣布一些非常遠大的目標，不管是針對產品或策略。一旦說出口，變成公開承諾，就不能變卦，這會在公司內部吸引大量的支持和關注。還記得Cognitive Services和Visual Studio Code的章節嗎？每次只要有新產品計畫在Build開發者大會發布，內部團隊就會集中火力，確保新產品能準時亮相。

微軟在推動負責任的創新時，也用了相同的策略。比方說，二〇二〇年公開一系列永續目標，就是典型的例子。到了二〇二三年，微軟更進一步，向拜登政府提出十四項自願性目標，說明微軟會如何提供負責任的ＡＩ服務。這些目標發布時，每個細節都完全想清楚了嗎？當然沒有。一旦許下承諾，公司內部就馬上聚焦，從上到下動起來嗎？這是當然！

作者筆記

卡里南的感想

我永遠忘不了，有一天，公司派我去測試OpenAI的語言模型GPT－4，進行RAI評估。我是公司裡面第一批接觸GPT－4的人，我們的小組負責詳細測試，決定模型何時適合發布，並制定相應的安全規範。

我初次使用GPT－4，就知道這是完全不同等級的AI，比起過去的模型，簡直就是「量子跳躍」的進步。它可以執行複雜的推理任務，會講笑話、會寫詩，能輕鬆應對各種標準化測驗，甚至展現出心智能力，能理解別人在想什麼，以及這些想法對行為有什麼影響。它的好處驚人，風險也同樣巨大。微軟和OpenAI最後決定要延後發布，爭取足夠的測試時間，建立更完善的安全機制。

微軟成立跨部門專門小組，裡面有工程師、研究員、政策專家等。這一支團隊全力以赴，一開始先鎖定最重大的風險，再按照輕重緩急逐步處理。最後，他們針對最重大的風險建立防護機制，並設計一套監測系統，確保模型推出後還能持續追蹤表現。在這個過程中，公司指定

Bing擔任GPT—4部署的先鋒。第六章就有說到，Bing擁有特別豐富的深度學習經驗，勇敢承擔風險、學習速度快，如果有必要，也懂得建立安全防護。因此，二〇二三年Bing順利推出GPT—4，對微軟來說，這是兼顧創新與責任的重要里程碑，而對我來說，也是我在微軟二十年最自豪的成就。

加賓的感想

自一九七〇年代以來，企業永續發展的主要模式一直是「減少傷害」。基本上就是減少消耗，這就像零和遊戲一樣，以為最好的結果就是減少衝擊，卻沒有想過可以做得更好。這樣想事情，焦點會一直放在能源效率，再來是節水和資源回收，例如環保3R，包括減量（Reduce）、重複使用（Reuse）、回收再利用（Recycle）。最近還加上一個R，叫做替代（Replace），換成更環保的材料或燃料，但基本原則還是差不多。

近年來，一種更大膽的理念回歸了，叫做循環再生永續（Regenerative Sustainability）。[60]這種做法不再只問「怎麼減少傷害」，而是換一個問題：「怎麼讓環境恢復、更新，甚至把環境變得更好？」

這不是慈善事業喔！艾倫・麥克阿瑟基金會（Ellen MacArthur Foundation）研究發

現，如果循環經濟秉持循環再生的精神，到了二〇三〇年可望創造四・五兆美元的經濟產值。[61]像巴塔哥尼亞（Patagonia）和英特飛（Interface）這兩家市值數十億美元的企業，就是循環再生永續的先鋒，而達能（Danone）、沃爾瑪（Walmart）和聯合利華（Unilever）也已經公開表態，希望朝這個方向發展。

事實上，要落實循環再生永續，不一定非得公開承諾，雖然前面有提過，公開宣示確實是極大的助力，但更關鍵的是，必須質疑對成長、價值創造以及資源運用的傳統觀念。這不只是零碎的調整，而是從根本改革整個體制。

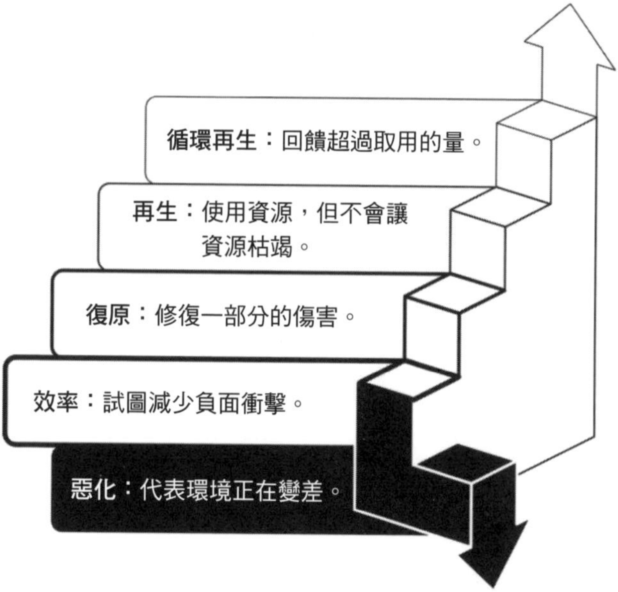

循環再生：回饋超過取用的量。
再生：使用資源，但不會讓資源枯竭。
復原：修復一部分的傷害。
效率：試圖減少負面衝擊。
惡化：代表環境正在變差。

圖 7.2　永續發展實踐｜從惡化到循環再生

我們寫這本書的時候，微軟還沒正式喊出循環再生永續，但早就開始投資相關解決方案，而且這個觀念跟公司的核心價值不謀而合。[62]納德拉曾說過：「當你擴展業務，最根本的問題是，你的商業模式能不能讓周遭變得更好？這才是重點。」[63]

我們團隊當初發起這項計畫時，原本叫作「未來資料中心」（Datacenter of the Future，DOTF），但後來深入研究，才發現「循環再生」有巨大的影響力，所以改名「循環再生資料中心」（Regenerative DOTF）。其中最關鍵的方法，莫過於仿生設計，也就是向大自然學習，打造互惠共生的關係。為了跟夥伴、客戶、社區、大自然共創機會，我們必須開發新技術，還必須找到新的商業模式，唯有雙管齊下，才會創造巨大的競爭優勢。更多細節可以參考第十一章「創新模式四：超越技術的創新」。

第二篇

讓微軟永處巔峰的四個創新模式

第八章

創新模式一：讓創新成為標準化日常

微軟的創新能力無庸置疑，這可不是偶然，而是經過精心規劃。微軟高層不只是嘴巴說著勇於嘗試、創新實驗、團隊合作、培養成長型思維，而是有計畫地推動這些事。他們並非等待二十二萬名員工某天突然靈機一動，而是要讓這種靈感在各個角落持續發生。

微軟的做法，就是把創新變得「易於操作」。無論是本書的案例，還是我們的親身經歷，這個模式再清楚不過了。對微軟來說，創新不能當副業，而是要全職投入，遍布全公司各個團隊，而不是少數幾個精心挑選的部門。那麼，微軟是怎麼做到的？

如何讓創新變得「易於操作」？

「易於操作」聽起來似乎很左腦思維，感覺就是標準化、系統化、穩定化。但大家總以為創新跟右腦有關，感覺很刺激、很神祕，甚至帶點魔幻的色彩。你可能會想，這兩者有什麼關係？真的能共存嗎？

這些團隊不只看到其中的關聯，還刻意尋找這個交集。任何成功的公司，肯定有強大的營運系統，同樣一套嚴謹的系統，難道不該套用在創新上？微軟從營運管理挑選幾個核心元素，像是語言、指標、工具、流程，直接套用在創新上，創新就變得標準化、系統化、穩定化了。

一、把創新標準化。這不代表創新的成果千篇一律，這樣反而有違創新精神。企業營運有標準的作業流程，創新也是一樣。有些團隊會制定標準流程，比如 VS Code 團隊定期整理使用者的意見；微軟研究院讓發明者全程參與，一路從研究階段到產品開發。把這些事件和期望變成標準流程，創新團隊的每一個人就有機會熟悉和準備，越做越順手。

二、把創新系統化。這對營運很重要，但很多人誤以為，有系統會限制創意。可是設計師或藝術家都知道，限制反而能激發創意，本書的案例也證明這一點。比方說，Bing 擁有的資源遠少於 Google，卻要跟對方競爭，不得不提早投入新技術，例如深度學習。還有其他的例子，印證創新的關鍵就是結構調整。Cognitive Services並沒有召集設計師、工程師組成新的產品團隊，而是由幾位專案經理串聯七個不同部門的人，大多是利用空閒時間，來快速解決六個長存的AI難題。微軟遊戲團隊從初期就裁撤業務單位經理，把整個團隊合併為同一個損益表，更像一個整體。這些例子都顯示，結構調整確實可以提升協作的效率，釋放更多價值。

三、把創新穩定化。這個詞乍看之下，不太符合大家對創新的印象。但下一章會提到，既然市場變動是必然的，創新也必須成為常態。營運的穩定性，通常是看流程的品質和時效，創新也是一樣。當然，你無法準確預測創新的成果或走向，但只要掌握流程，就能夠持續推動優質的突破。微軟Xbox財務業務副總裁提姆．史都華（Tim Stuart）說了這段話，解釋為什麼遊戲部門需要穩定性：

> 我們（遊戲部門）有各項業務目標要達成，但財務長艾美．胡德（Amy Hood）和執行長納德拉給我們足夠的信任與彈性，讓我們可以自由創新、適時投資，並且在瞬息萬變的市場靈活調整方向。比如我們發現新的趨勢，可以直接投入資金，或者把某人調去新的團隊或專案。我們遊戲業務就像公司內部一家小小的新創企業，靈活、敏捷又充滿動能。

換句話說，穩定會建立信任，而創新發生的第一步，就是讓利益關係人有信任感，這一點在第十章「創新模式三：用情感激發全體變革」會有詳細討論。現在，我們來看如何實現標準化、系統化、穩定化的創新。

讓創新變成日常

第一步：語言

> 一句話可以鼓舞人，也可以擊垮人，所以要謹慎選擇。

這句話出自作家羅賓・夏瑪（Robin Sharma），道盡了一個我們耳熟能詳的道理。[64]微軟高層都是這麼想的：只要選對用詞，就可以澄清觀點、減少恐懼、加快學習的速度，而這些都是創新的必要條件。

語言在所有商業領域當然都很重要，在創新領域更是如此。因為創新就是在創造新事物，因此需要新的詞彙。如果繼續沿用舊的詞語或思維模式，往往會阻礙創新。

創新最理想的狀態是跨界合作，但是要建立一套共通的語言，讓不同背景和用語的團隊順暢溝通。不然，團隊之間常常雞同鴨講，溝通數週甚至數月，最後才發現，彼此對某些關鍵詞的理解天差地遠。這麼多案例一次次證明，語言用得好，真的很重要！

在第一章談到的Xbox案例，就提過一個例子。Xbox團隊特地建立BXT框架，分別是商業（B）、體驗（X）和技術（T）三大要素，來幫助團隊養成一致的工作習慣。他們還推行「三／三十／三百」的概念，把創新流程變得更清楚。最初的創新構想，先用三頁闡述願景。接下來的商業企劃書，可以寫到三十頁。最終的完整規格，則可以寫到三百頁。雖然文件的實際長度可能會變動，但「三／三十／三百」已經變成一種默契，讓大家知道該期待什麼，也能看出專案做到哪裡了。

第六章談到Bing的案例。團隊選擇「試飛」這個詞，而不是一般常見的「發布」或「更新」。前面已經說過，試飛和試飛回顧會議兩個詞，成了微軟許多團隊偏好的用語。Bing團隊還示範如何善用語言，來制定有挑戰卻務實的目標，等一下再來深入探討。

第五章提到微軟研究院的案例，我們看到二十七個精心挑選的詞彙，寫了一段沿用三十年的願景宣言，引導微軟研究院不斷突破。

至於第二章則談到，VS Code團隊和開發平台團隊不說「點子」，而是說「假設」。前面已經說過，這個做法也挑戰了傳統觀念，強調創新不一定從點子開始。待會「第四步：流程」也會提到，如果你已經有了點子，其實你跳過了前面幾個步驟。

第三章談到Office時特別強調設計大原則，這些大原則要讓人記得起來，可以朗朗上口，就像團隊的口號一樣，例如「不再新增功能」（No New Features!）或「一鍵驚豔」（One Click to Stunning!）。

第二步：指標

翻遍商業書籍，績效衡量與管理的方法五花八門，但這些方法背後的邏輯很簡單，如果組織可以建立量化的獎勵與激勵機制，對人類的行為與結果影響非常大。換句話說，無論是個人或團隊，都會優先做那些他們認為最值得投入的事情。

談到衡量指標，大家想必聽過一些說法，像是指標設錯了，可能帶來反效果，甚至讓人只顧著追指標，忘了真正的使命。此外，衡量成功的標準，很多時候並不是明文規定，而是隨著時間慢慢形成的默契。無論好壞，人的認知和理解都是相對的，會受到環境的影響，因此，選對衡量指標，對於團隊之間的協作至關重要。

創新專案比起成熟的專案，又更仰賴清楚的衡量指標。創新過程往往充滿未知和變數，指標會建立基本的架構，知道進度到哪了。如果指標設計得當，還能把看似遙不可及的挑戰，拆解成一個個可執行的小目標。例如微軟研究院的案例，一步步推進就非常關鍵了，這是研究團隊與產品團隊的橋梁。

但這裡有個關鍵！等到創新專案逐漸成熟，指標也要跟著調整，而且調整的時機很重要。變得太快，團隊會陷入混亂；變得太慢，舊思維繼續占上風，決策還是繼續走老路。微軟團隊都有說到，他們會順著目標來調整衡量指標。團隊的使命改變了，衡量指標也跟著改變。團隊會持續評估指標有沒有效果，但只有在必要的時候才會調整。有時候，這是為了讓團隊重新振作，有時候，是因為產品邁向新的階段，組織要跟著做一系列調整。無論是什麼原因，每當指標有所調整，團隊會有一段驗證期，確保新標準會帶來理想的結果。

舉個例子，VS Code起初對成功的定義只有一個，就是「讓十萬名開發者滿意」。沒有人規定他們該怎麼做、花多久時間完成，甚至沒有限制他們可以在哪裡成立團隊。等到他們推出第一版產品，又多加一個衡量指標：「每個月都要推出優質的更新。」他們不只完成了第一個目標，還超額達成，在接下來十一年裡，穩定實現第二個目標。

微軟的搜尋業務本來要挑戰Google，看起來像是不可能的任務，但是調整指標後，為團隊注入新的動力，這場戰役變成大家可以全力以赴的目標。就像「如何吃掉一頭大象」這個問題，微軟高層先要求Bing團隊「拿下市占率」，不管每次能吃下多少，都算一種勝利。等到團隊持續達成目標，再進一步提升標準，變成「每季都要提升市占率」，從二〇〇九年開始，Bing每一季真的都有達標。

另一方面，Office團隊靠著保留率這個新指標，成功改變三十五年來的思維模式。依照以前的標準，只要新產品有達到規模、時程沒拖延、預算沒超支，就算達標。以前只要推出新功能，就是一件值得慶祝的事情，至於使用者買不買單則是其次，但現在的指標更關注使用者體驗。這促使團隊加速導入AI功能，明顯提升使用者的滿意度。

還有一點值得注意，這些團隊不把專利數量當成指標。這非常重要，因為很多創新團隊太關心專利數量，甚至用專利數量來管理團隊。但微軟內部的共識是：「你獎勵什麼，就會得到什麼。」如果目標是掛滿一整面牆壁的專利證書，那就設定這個指標，但如果希望客戶和公司都受益，那就應該衡量真正的影響力。

不過，專利本身是絕佳的工具，這就是接下來要談的重點了。

第三步：工具

借用歷史學家湯瑪斯・卡萊爾（Thomas Carlyle）的話：「沒有工具，我們什麼都不是。」人類本來就是倚賴工具的動物。因此，工具對營運很重要，對創新也一樣重要。就連史蒂夫・賈伯斯（Steve Jobs）也非常認同。雖然他以嚴苛著稱，但他曾經說過：「最重要的是，你要相信人性，相信大家大致是聰明善良的。只要給他們合適的工具，他們就能做出驚人的成果。」

這本書介紹的每一個團隊，都有這個想法，因此開發各種工具，來支援、拓展和提升創新的能力。

Office團隊特地開發增強迴圈，全公司的ＡＩ服務開發人員，就可以自由測試新點子、提交程式碼，把原型化為真正的產品，這有助於Office整合ＡＩ，讓現有的服務更有價值。

VS Code團隊則是設計機器人，來幫忙篩選使用者回報的問題和需求，因為他們知道，要維持跟客戶的緊密連結，絕對要看過這些回報。先讓機器人負責第一輪篩選，不只提高效率，還能騰出更多時間，讓團隊直接跟開發者社群互動。

所有團隊都強調遙測技術（telemetry）的重要性，這是透過程式碼和監測機制，來蒐集產品使用數據與使用者回饋。有了這些數據，團隊可以明白產品在現實情境中的使用方式，而不是憑空想像。此外，遙測技術也是觀察使用者體驗的管道，能夠站在使用者的角度解決問題。這本書介紹的案例也印證這一點，從產品開發初期就導入遙測技術，真的非常關鍵，這可以建立持續精進的文化，並鼓勵各個團隊共享知識。

工具不只是軟體或實體設備，也包括遊戲團隊的BXT框架，還有第五章討論微軟研究院時提到的巴斯德象限。這些心智模型以及其他概念框架，都是非常強大的工具，即使面對複雜的資訊和系統，也能夠輕鬆地統整、理解和運用。

另外，專利也是工具。如果你的創新要投入大量資金，風險特別高，專利就可以當作「進攻型工具」，為發明者爭取一段時間，來回收投資的成本。但專利也是「防禦型工具」，就算這項技術目前沒在使用，但如果被別人搶先註冊專利，可能會威脅自家產品。無論是攻是守，專利都值得公司投入時間和資源。

第四步：流程

我們都知道，企業營運一定有正式的流程，但很多人以為，創新被架構和紀律綁住的話，可能會扼殺靈感。但微軟的創新者可不這麼想！無論在哪個領域，你的行動決定你是誰，而流程會保證你持之以恆。

當然，創新沒有一套放諸四海皆準的流程。但創新就像營運一樣，流程會隨著目標改變，但還是有一些共通的原則。比方「巴斯德象限」這個框架，創新大致分成三階段，從一無所有，到有個雛形，再到大規模應用，一路走過波耳、巴斯德和愛迪生的模式。

我們來深入探討每個階段。

一、探索階段（discover）。這是創新的起點，專門探索新事物。這是最早的階段，就像波耳模式的純基礎研究，可能單純出於好奇心，只想著拓展視野，並不會深究是否能實際應用。但如果帶著目的去探索，希望改變世界，那就屬於巴斯德模式。加賓把這種有意識的探索，稱為刻意探索（intentional discovery）。

真正的探索，並不是一條直線，而是一段循環，在發散、收斂和整合之間來回切換。

發散（divergence）這種行為，就是嘗試用各種角度，去探索某個情況、事件、機會或挑戰。這些角度可以從實體、情感、文化、人際關係、類比切入，不一定只有專家才能做到。事

圖 8.1　探索、開發、設計

實上，提問題、玩遊戲、看書、旅行、聽音樂、逛博物館……，只要能拓展知識和視野，就是發散的機會。好奇和探索是每個人都做得到的，你只要想想看，小孩子每天都發現一堆東西！因此，那些創新前期的佼佼者，大多像孩子一樣，對世界充滿驚奇。

無論是要探索新知識還是新解方，發散和收斂（convergence）通常是相輔相成。收斂可能會自然發生，也可以刻意引導，讓我們的探索逐漸聚焦，形成更深入、更完整的理解。如果沒有收斂，探索就變成漫遊。不過，很多時候，因為我們天生渴望秩序、掌控、簡單，甚至是安全感，往往太早就進入收斂的階段。一般人不可能發散太久，因為那是模糊、不確定的狀態。成功的發明家和創新者就不一樣了，發散的頻率特別高，停留時間也特別長。

光是收斂，不會有真正的發現，所以還需要整合（synthesis）。簡單來說，就是把新學到的東西，跟既有的

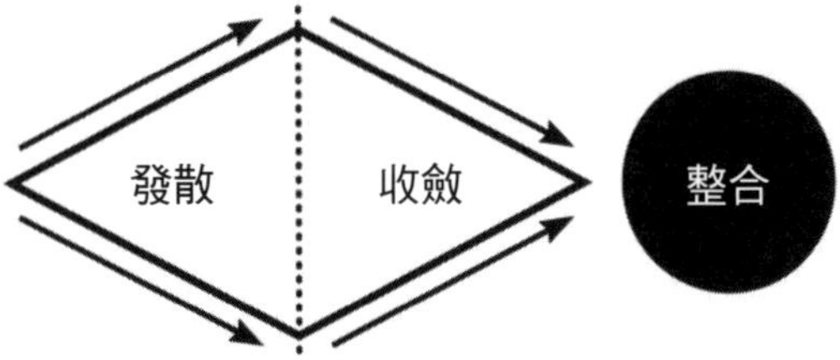

圖 8.2　發散、收斂、整合

知識、技術、經驗互相結合，創造新的可能。這時候，可能會得到嶄新的想法，甚至全新的假設。但更多時候，因為發現新的問題，讓我們不得不重新發散、收斂、整合，一直循環下去，直到有一天，我們發現新的基本真理（波耳模式）或真正實用的解決方案（巴斯德模式）。

這就是為什麼我們不認為，創新必然從點子開始。事實上，早在點子誕生之前，就已經發生很多事。那種「靈光乍現」的刻板印象，完全忽略點子背後所有的經驗和效應，無論是意識或潛意識的累積。更重要的是，如果我們懂得刻意製造新點子，就能夠成為更優秀的創新者。在這條路上，第一步就是搞懂這裡提到的探索。

我們的意思不是說，你應該忽略那些突然冒出來的想法。一般人通常都是從某個構想開始，大概是天性使然，也可能出於習慣。如果是這樣的話，那就建立一個新習慣：在進入設計和開發之前，先後退一步，把探索完整走一遍。怎麼後退一步？有一個方法，回答3W的問題：

誰（Who）：你覺得誰會喜歡這個想法？

什麼（What）：這個想法會解決什麼問題？（先不描述怎麼解決）

為什麼（Why）：為什麼這群人會喜歡？比其他想法好在哪？

接下來，試著發散思考，針對這個想法追問幾個問題。舉個例子，假設你要設計一個更好的捕鼠器，初步想法可能會這樣表達：

誰（Who）：餐廳業者和城市居民

什麼（What）：想消滅老鼠

為什麼（Why）：保持店面和居家的整潔與安全

現在要來發散思考，問自己更多問題：還有誰也需要更好的捕鼠器？這群人還會在意哪些功能？除了抓老鼠，還有什麼原因會讓他們覺得，這款捕鼠器更值得選擇？

在這個過程，要小心錨定效應（anchoring），這是認知心理學的專有名詞，意指最初的想法很容易框住決策。如果你的點子太偏頗，跟顧客真正想要、需要和準備採用的東西有落差，你就得拚命發散，重新尋找真正的機會。如果不這麼做，恐怕會浪費大量時間和金錢，去開發注定不會成功的產品。但有時候，你最初的想法可能沒錯，卻沒有發揮首發產品的優勢，結果就被後發先至的對手超越（參考第六章Bing的案例）。

二、設計階段。看了第三章的Office案例，還有這本書其他許多案例，你就能明白好設計不只是美感而已。設計首重功能和契合度。如果想充分發揮設計的力量，最好在專案初期就開始考慮設計。設計的作用，就是釐清解決方案的價值和效應，讓大家都能夠理解。

設計師的專長就是換位思考，也是發散思考的高手。設計師巧妙運用各種溝通方式，尤其是視覺元素，來促進合作、嘗試新概念、反覆改良。一旦設計和工程能夠平起平坐，創意會大增，風險也會降低。

設計跟探索一樣，第一步也是發散思考，利用提問和觀察，盡量從不同角度出發，擴大探險、學習和理解的範圍。但不同的是，設計階段做的發散思考，已經有一個成形的假設或想法，然後把各種可能的解決方案具象化，只要時間和人力允許，就盡可能廣泛嘗試，避免團隊太早收斂，這或許可以解釋，為什麼以設計為重的公司，報酬平均是投資的兩倍。[65]

設計師在收斂和整合的階段，也有自己一套解決問題的方法。例如把腦中想過的解決方案，用視覺圖像呈現出來，類似漫畫分鏡的手法，一步步展示出人們應用這些新點子的過程。這樣的方式，可以讓大家用低廉的成本，迅速吸收大量的資訊。

設計階段的成果，通常是一份精挑細選的解決方案清單，清楚列出各自的功能和風格。團隊通常會讓一小群目標使用者試試看，就算還只是紙本原型（paper prototype）或概念驗證（proof of concept），仍會排除很多潛在的問題，也可以從中累積經驗。就像微軟的遊戲部門，在前期製作原型，可以幫助團隊爭取高層的支持，讓公司願意投入大量資源。Bing和Office這兩個案例，團隊也是靠概念驗證的方式，加速新技術實現。

你可以會覺得，這聽起來有點像開發。這其實是好事！最強的團隊，都是讓設計和工程並肩作戰，所以設計和開發之間沒有明確的界線。

三、開發階段。到了開發階段，我們要把原型變成真正可用的產品，交到實際客戶的手中。這個過程依然是發散、收斂、整合的循環。一開始，開發階段會做一大堆實驗，延續設計階段的成果。開發團隊不斷測試這些初步版本，找出問題或值得改進的地方。然後，再次蒐集使用者的意見，進一步改良產品。

不同的產品，生產材料和方式可能天差地遠，但所有團隊對於開發階段的描述，卻是驚人的一致。無論在哪個領域，大家都提到三個關鍵詞：快速、持續、透明。

快速：不管是推出全新的產品，還是改良現有的產品，團隊都強調一件事：速度很重要！Cognitive Services和VS Code這兩個團隊，只花了三個月，就推出第一版產品。對於軟體開發來說，已經是很快的速度了，畢竟他們開發的東西，規模非常大，複雜度也高。這兩個團隊都提到，快點交出有價值的產品，來爭取內部和外部的支持，後續的開發過程會更順利。

不只這兩個團隊，所有產品開發團隊都強調，把每年一次或者更長的週期，縮短為每月一次或更短，對公司和使用者都有益。VS Code就是很好的例子，頻繁發布新功能，跟使用者建立並維持深度的連結，積極回應使用者的意見。

大家常說「快速失敗」（fail fast），但這些團隊更強調「快速學習」（learn fast）。失敗只是一種學習方式而已。舉個例子，Bing團隊快速嘗試各種AI科技，特別是探索深度學習，一舉成為這項新技術的領導者，微軟也在生成式AI的領域領先群雄。

持續：在這個注意力越來越短、競爭速度越來越快的時代，持之以恆成了關鍵，可以讓客戶持續感到滿意，或者在市場維持領導地位。最明顯的反例，就是Xbox One發表會錯失市場需求，這個決策錯誤的影響很深遠，就連事發十年後，團隊還在想辦法挽回。

我們訪談開發團隊，他們分享很多相關的做法：持續創造價值、持續跟使用者互動、持續學習、持續檢討改進等。當我們追問VS Code團隊的核心價值，他們的答案超簡單：「持續推出優質的產品。」還有一位受訪者，在遊戲部門負責新興技術，他強調了「持續的恐懼」，這裡當然是指正面的恐懼，他這樣形容：

> 我的目標是，每個月至少嚇唬技術團隊一次。每隔一段時間，我會帶著某個超前甚至瘋狂的提案或想法上門，但又不至於荒唐到馬上被人否定，他們會先愣住，然後陷入沉思：「天啊，

他又在說什麼？這應該做得到吧？聽起來超難的，不過如果真的實現了，真的超酷啊！」我這種讓大家嚇一跳的作風，也是我不斷思考的動力，我會問自己：我們未來的方向是什麼？我們真正想做的事情是什麼？哪些看似不可能的點子，其實有機會實現？

值得一提的是，這位受訪者就是喬德里，微軟遊戲部門的創新推手。他帶領團隊實現無數的突破，包括雲端遊戲、向下相容，甚至是Game Pass這類劃時代產品。因此，健康的「持續恐懼」，或許是值得學習的創新心態呢！

透明：在微軟這家公司，產品不會等到成熟才釋出，而是在前期的時候，就頻繁對外分享，開放各種使用者試用，這本書的案例都有提過，像是試飛、自己的產品自己用、快速疊代、內部測試版本等。在VS Code和Office團隊，所謂的「頻繁分享」，其實是每天的意思。沒有任何一個產品，可以超過一個月不聽取客戶意見。就連微軟研究院也一樣，雖然這些研究要好幾年才有可能開花結果，但依然建立固定的分享節奏，像是午餐分享會、高層簡報、跟外面的學術機構合作、跟產品團隊保持合作。每個月，還會舉辦「差點成功分享會」，邀請負責人回顧哪些計畫沒奏效、從中學習到哪些經驗。

VS Code團隊對於透明度有一句名言：「跟使用者零距離。」他們怎麼做到的？除了把程式碼開源，還會分享整個開發流程，包括問題追蹤、規劃、測試、產品藍圖、設計討論，全部攤在陽光下。他們堅持「把事情攤開來做」，因為他們明白，經過大家一起討論，對自己和整個社群都會有幫助。

創新是個循環的過程

簡單來說，創新就是不斷循環的過程，在探索、設計和開發之間來回。而每個階段又會經歷發散、收斂和整合的反覆更迭。隨著這些循環不斷進行，我們的目標是從什麼都沒有，然後有個具體的構想，逐步增添細節，變成可以規模化應用的東西。

心理學家克里斯·阿吉里斯（Chris Argyris）提出雙迴路學習（Double-Loop Learning），我們有時候會回頭修正，像是從開發回到設計，從設計回到探索，甚至直接從開發跳回探索。[66]

這種做法在微軟遊戲部門展現得淋漓盡致，不斷地重新評估和想像。一開始，主要是賣遊戲主機和遊戲，後來轉向訂閱制服務，最後更進一步，開放玩家在任何裝置玩遊戲。他們不斷調整與改進，先考量當下的技術，重新思考玩家真正想要的遊戲體驗，接著重新設計和調整業務模式，讓產品更符合時代趨勢。

這裡來比較單迴路學習和雙迴路學習。單迴路學習是指改變產品，但核心價值和假設不變；雙迴路學習則會顛覆一切。因此，雙迴路學習最強大的課題，正是：「既然知道這些了，還有什麼可能性嗎？」

創新的過程，常常簡化成一條直線，但其實是不斷循環的過程。雖然我們會說「回到某個階段」，但不是真的倒退，每一次的循環，都是在向前推進。每經歷一回發散、收斂、整合的循環，我們都會學到更多。

從過去到現在，微軟公司的團隊和個人，都接受這種不斷循環的創新，讓創新變得更有規律、更有方向，最終創造巨大的價值。

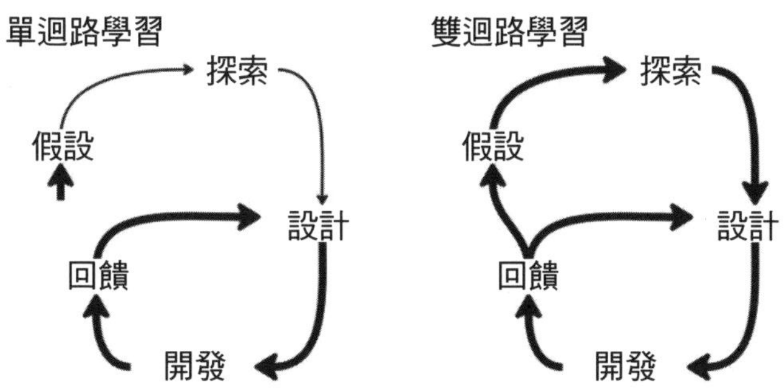

圖 8.3　單迴路學習和雙迴路學習

作者筆記

卡里南的感想

讓創新變成日常，是非常重要的話題，所以我想分享兩個做法。

第一個是雙迴路學習的技巧，操作簡單，但威力強大。每當我們團隊針對任何專案做重大決策時，都會記錄當時的假設，也就是那些影響我們做決定的背景條件，比如：現在的科技能力到哪裡了？在我們公司，這個方案真的可行嗎？客戶真的準備好迎接這項創新了嗎？然後，定期檢視這些假設，看它們是否還成立。換句話說，就是問自己：當初做這個決定，世界是這個樣子，現在呢？有沒有什麼變化？如果答案是有變化，我們就會重新評估策略，調整方向。

這個方法有一個好處，特別講究時機。很多創新會卡住，並不是因為想法不好，而是技術不成熟，沒辦法支持這個創新，或者合作夥伴或市場還沒準備好。換句話說，創新的構想是好的，只是超前了市場。記錄當時對市場現狀的假設，就可以更準確判斷時機。如果時機還沒有成熟，我們可以先暫停，等到市場準備好了，再重新啟動。

第二個方法是思考週（Think Week），我一直很欣賞微軟這個早期的創新祕訣。每年舉辦兩次活動，開放全公司提交短篇報告，分享有可能突破現狀的創新機會。這時候，蓋茲會消失一整週，躲到某個遠離辦公室的地方，專心閱讀這些報告。他還會親自批註，甚至邀請一部分作者，當面為他簡報。一些最有價值的點子，還會進入高層會議，正式納入公司的策略規劃。

思考週是超棒的例子，建立一套規律、有系統的制度，鼓勵全公司展開發散思考。員工可以自由提交報告，建議任何跟公司相關的創新機會。在思考週的時候，很多團隊會稍微放慢步調，專心思考和寫作。最後，公司會有一個收斂和整合的階段，把最好的點子納入產品規劃。

思考週可說是蓋茲的代表作，當他正式卸下執行長的角色，公司就取消思考週。但這個精神並沒有完全消失，許多部門仍繼續沿用，追求類似的目標。

加賓的感想

在創新過程中，有一個關鍵時刻，要決定某個機會到底值不值得追求。但很多時候，這種決定居然全憑直覺。雖然直覺很重要，但如果能建立起一套評估標準，不是比較嚴謹嗎？

幾年前，我接觸到DARPA的核心評估架構（Hard Test），這是美國國防高等研究計畫署用來評估提案的框架，從四個角度判斷一個構想的價值，包括前瞻性、技術挑戰、跨領域合作、可行性。自從我學到這個方法，我開始把它和其他評估框架結合，建立一套決策矩陣，不僅幫助我們的團隊評估和排序創新的機會，還鼓勵我們想得更遠。圖八．四是我們在微軟用過的矩陣。

如果你的團隊有人想推動一個創新計畫，需要投入時間和資金，就得準備七分鐘的簡報，證明這個計畫符合「影響力測試」的評估標準。簡報結束後，會開放大家提問，接著每個人都會評分。最後的決定，當然是由高層拍板定案，但我們很少推翻集體意見。就算有個構想沒有立刻拿到資金，也不一定會失敗。我們會繼續開會，找機會整合資源，或轉移給更適合的團隊，把構想列入待辦清單，等到未來時機成熟再推進。就是這樣，我們打造了策略平衡的創新投資組合，讓團隊突破極限，公司也能獲益。

影響力測試	1	2	3	4	5	6	7
挑戰（Challenge） 這個解決方案有賴科學突破，從技術來看，幾乎不可能實現，除非「魔法」誕生。	運用現有科學			漸進式推進			科學突破
效益（Benefit） 這個解決方案不只對資料中心和微軟有益，對世界也會有正面效益。	只對資料中心有益			對整個微軟有益			對全世界有益
影響範圍（Reach） 這個解決方案需要一個全新的思維模式，還要經歷典範的轉移。	漸進式創新			需要轉型			顛覆世界
領域（Domain） 這個解決方案要整合多個專業領域的知識，但是這些知識不太會出現在同一產業。	只有單一領域			涉及其他幾個領域			涉及其他很多領域
可行性（Actionable） 只要找到對的人，就可以找到突破的路，並且立刻行動。	不可行			有可能			可行

圖 8.4　影響力測試

第九章

創新模式二：持續實現適應性創新

這本書一開始就引用狄塞爾的觀點，他談到構想、發明和創新三種不同的體驗，簡單統整如下：

構想和發明是探索與創造的過程。在這個階段，必須深入了解現況，瘋狂探索新機會。但最後這些想法能否實際應用，還是未知數。

創新不只是發明而已。因此，不只要想出新點子，還要真正實現，所以這包含產品開發、生產、行銷、業務、經銷、售後支援以及其他關鍵步驟，為真正的客戶創造價值，建立一套可行的業務。這也是為什麼對狄塞爾來說，創新往往是一場硬仗！這確實需要適應力與毅力。

這三者的區別很重要，因為大家通常只關注發明，大家都愛說那句話：「做出更好的捕鼠器，全世界都會來找你。」意思是，只要發明夠厲害，其他自然會水到渠成。

但現實不是這樣。

就像這本書的案例研究，還有兩位作者的職涯心得，發明只是整個創新生命週期的起點。

什麼是創新的生命週期？

想知道什麼是創新的生命週期，不妨觀察大自然，大自然才是最強的創新者。想像一片草原，四處都是青草和野花。但是有一天，風吹來了一些種子，或者有動物把種子帶進來，加上一點陽光和雨水，種子開始發芽，經過一段時間，變成茂密的森林，但難免會有變故發生！乾季時，一道閃電的火花，就能瞬間摧毀多年來的成果，將這片蓊鬱的森林化為焦土，一片荒蕪。但隨著時間過去，種子、陽光、雨水再次聚集，幼苗從焦土萌芽，森林開始重生。放任自然運行，草地和森林會不斷循環，從種子變森林，經歷破壞後，又重新來過。

如果把森林的譬喻代換一下，應該不難理解，幼苗就等於新發明，新生的森林就等於第一款商品，雷擊相當於突如其來的市場變動，森林重生就像企業熬過挑戰，重新適應市場。有一個社會生態學的概念，剛好能描述這種情況，叫做僵化陷阱（rigidity trap）。[68]所謂的僵化陷阱，意指系統變得太過於僵化，適應力不足，無法熬過市場挑戰。這些系統曾完成多次的循環，但是到了某個階段，變得太死板了，無法再重新出發。聽起來是不是很像「創新的兩難」？沒錯，這就是接下來的內容！

把圖九・一稍做修改，加上第八章提到的創新階段，創新適應循環是不是更清楚了呢？

曲線的左半部，剛好對應發明和創新的階段，右半部代表商業化的過程。如果你仔細看，會發現這條曲線還藏著創新的S型曲線（始於開發，終於市場變動）。[69]那些缺乏適應力的公司，就會被這條曲線拋下，掉進僵化陷阱，比方失去市占率，甚至被市場淘汰。反之，

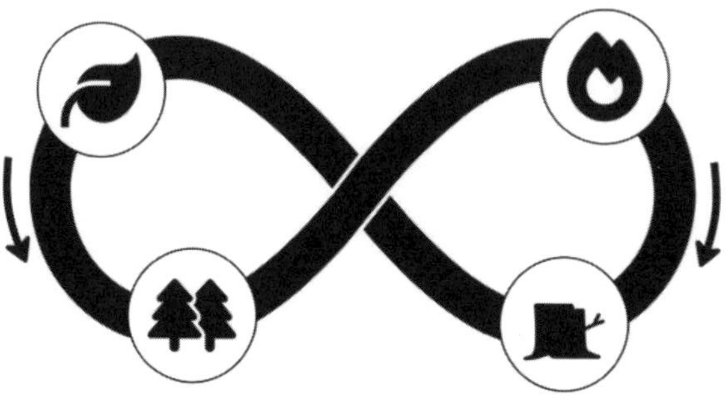

圖 9.1　森林中的自然適應循環[67]

比較靈活的競爭對手，能夠迅速調整，重新站起來。常見的僵化陷阱，包括不從錯誤中學習、死守失敗的產品，盲目相信舊系統能支持新產品和新服務等。

為什麼創新這麼難？

如果創新很容易，就不會有人掉進僵化陷阱了，可見現實顯然不是那樣，所以我們來看看，到底有哪些因素，讓創新生命週期變得難以管理呢？

時間永遠是個挑戰。每個解決方案的開發時間都不一樣，但就經驗來說，從一張白紙開始，到建立一個可行的商業模式，通常需要五到七年，這在科技產業算是常態了。問題是，這跟大公司常見的季報、年度預算、組織重組根本搭不上。小公司的話，每個月還會有資金流壓力。就算有了生成式ＡＩ或其他的工具，能大幅加

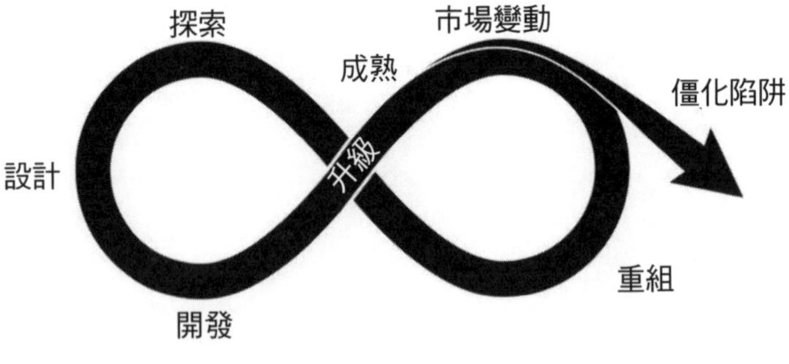

圖 9.2　創新的適應循環

快發明的速度，但創新的進度還是得配合最慢的商業化環節。大多數的體制，說到底就是人組成的，人不會變得太快，所以可以合理推測，創新總是比大家想像的更久。

這就要說到創新的第二個因素：創新需要長期的支持。如果高層人士變來變去，或者經濟起起伏伏，最容易扼殺創新。企業要不要長期支持創新，如果是在大公司，只有最資深的高層才有資格決定，只可惜大多數高層並沒有這種耐心，而是更關心短期績效。至於小公司呢？好處是專案不多，基層跟高層的距離比較近，創新通常能獲得更多關注，但最大的挑戰其實是獲得穩定的資金支持。

第三個因素，也是最後一個，正是團隊之間的交接。發明者精心培育解決方案的「幼苗」，然後交給原型開發團隊，讓它變得具體，創造互動的機會。一旦有了概念驗證，原型開發團隊會把成果交給工程師和專案經理，這些人會進一步開發，準備進入真正的市場。最後，產品會交到銷售和支援團隊手上，他們把完整的版本推向市場，讓它蓬勃發展。對所有參與者來說，這整個過程就像走鋼索，壓力極大，但如果不這樣，產品就無法推進。公司規模越大，交接的難度就越高。這就像接力賽，每一次交棒，產品都有可能掉棒。小公司的人手少，常常一人分飾多角，工時也可能更長，但至少交接次數少一點，問題相對單純。

怎麼把創新變簡單？

本書介紹的微軟團隊，多次順利走完創新的生命週期，當然都遇過時間壓力、資金難以為繼、團隊交接的問題，也都碰過挫折，甚至犯過錯，需要重新站起來。回顧他們的成功與失敗，我們發現三個關鍵的做法，幾乎對每一個案例都有效。

關鍵做法一：不同的階段，分別找適合的人來做

這些團隊大多會運用流行的人格分類法，把人的特質和和才能加以分類，對應不同的創新階段，分成開拓者（Pioneer）、屯墾者（Settler）、城鎮規劃者（Town Planner）。[70]

開拓者喜歡新鮮，熱衷新的挑戰、機會、觀點和知識，天生好奇、願意冒險，最適合在創新初期發揮助力，也就是從探索到開發的階段。如果套用第五章探討微軟研究院時提到的巴斯德象限，開拓者通常偏好波耳模式。

屯墾者會建立新秩序。他們跟開拓者有很多相似之處，也對新事物充滿興趣，但也希望把創意變得更完整。他們的任務是打好基礎，在新舊事物的交界排解問題。這些人最適合從設計到升級的階段，更偏向巴斯德模式。

城鎮規劃者整合前面兩種人的成果，變成一套完整的系統。他們透過流程、工具和系統，來擴展規模、提升效率。他們的工作很不容易，一邊要把新技術變成熟，一邊還得跟市場競爭，剛好落在開發到成熟的階段，對應愛迪生模式。

回想第四章和第五章，我們發現還缺了一個角色：跨界者（Boundary Crosser）！

跨界者負責填補缺口，處理其他三種人的衝突，主要介於波耳模式和巴斯德模式之間，算是創新前期；但還有一些跨界者更擅長巴斯德模式和愛迪生模式的中介處，算是創新後期。無論在哪個階段，跨界者的職責，主要是幫忙其他類型的人翻譯、協調、推動，讓彼此順利接軌，減少掉棒的風險。

對開拓者和屯墾者來說，待在不支持創新的環境，是一件最痛苦的事情。對於城鎮規劃者來說，最令人崩潰的是，做不出高品質、有規模的成果。每個人對於未知和模糊的適應力不同，有些人可以從中成長，有的人會迷失方向，而每個階段都有各自適合的人才。回顧成功團隊的經驗，那些有考慮人格特質分類的公司，往往能夠建立並維持高效的團隊，讓每個人都能發揮所長、樂在其中。

這套方法在微軟內部早就廣泛運用。微軟研究院會延攬兼具衝勁和方向感的人。Cognitive Services 招募有好奇心和勇氣的年輕員工。Bing 特別青睞有使命感的人，這些都是典型的開拓者和屯墾者。

至於微軟的遊戲部門，開拓者和屯墾者隨處可見，但仍要依賴城鎮規劃者，來建立一套標準化流程，讓創新得以複製和拓展，源遠流長。例如把企業文化當成策略重點，或者在開發過程設計減壓機制。

至於Visual Studio Code部門，一開始就懂得整合開拓者、屯墾者和城鎮規劃者，直接在既有的組織打造新產品，不僅開闢新市場，也讓原有的產品變得更強大。

至於Office部門，這是一套三十五年的老產品，開發週期長達三年半，但城鎮規劃者重整產品架構，把Office改成每個月更新。這樣一來，開拓者和屯墾者有更多機會做實驗，還能跟更多合作夥伴共同創新，這也是為什麼Office團隊比很多新創產品更早擁抱AI技術。

關鍵做法二：接受創新的迴圈

上一章提過，創新不是一條直線，而是反覆循環的過程。這就是所謂的迴圈，不只是在創新的初期，而是貫穿整個適應期。微軟每一個人都知道，市場變革是難免的，一切都會改變，從高層到基層都明白這個道理，知道整個組織要不斷創新。他們掌握整個創新生命週期，知道每一個計畫正處於哪一個階段，也明白走到不同的階段，需求也會跟著變。他們會預知需求，提前幫忙團隊做準備，盡量避免變革帶來的焦慮、挫折和其他自然反應。

前期創新團隊都明白一個道理，光有發明還不夠，還要成功賣出去，才能功成身退，這有賴所有的業務環節，所以對每個環節都相當尊重，有句話常常掛在嘴邊：「你不能只是把新產品丟出去，期待它自己成功。」

這些創新者還明白一件事，真正的團隊合作，並不是說服其他部門接受新產品，融入原有的流程或業務而已。如果你發明的東西太前衛，原有的製造、行銷、銷售方式，通常並不適用。因此，前期創新團隊投入大量時間，幫後期創新團隊調整原有系統，甚至建立新的運作模式，讓整個組織能全力支持新的產品。最成功的團隊，一開始就會鼓勵跨部門合作，解決這些必然發生的問題。先建立信任，先打好關係，這樣到了關鍵時刻，大家才願意投入資源。

如果你覺得跨部門合作還不夠複雜，那還有一件更麻煩的事，那就是新產品還沒證明自己值得投資。沒有現成的客戶、沒有銷售數據，甚至連一點市場紀錄也沒有，大家只能賭它會成功。整間公司必須投入寶貴的時間，去學習、適應這個新玩意，而且連一塊錢都還沒賺到！因此，最成功的創新者，擅長「賣前景、賣願景」，他們的提案不只有理性數據，還會訴諸情感連結。這部分會在第十章深入探討。

另一方面，後期的團隊也明白，從零打造新事物，本來就需要反覆調整，所以尊重這個過程。他們知道有哪些常見的創新殺手，所以會特別注意，例如在探索階段不急著拿出成果，也不會因為早期測試失敗，就直接判定行不通。他們給回饋時，會刻意跳脫現狀的框架，確保創新有真正的突破。

至於後期團隊如何組織與建立系統化流程，也決定了創新能不能持續，並且適應變化。很多成功的案例，都懂得接受創新的反覆調整。

比方說第三章提到的「增強迴圈」，就是讓AI新功能融入現有產品的機制。如此一來，多個開發迴圈能同步進行，Office團隊卻不用投入太多精力，只需要挑出幾個最有潛力的實驗成果，繼續推向下一個創新階段。

Bing則反其道而行，走一條跟Office完全相反的路。他們先在內部開發深度學習模型，然後再分享出來，讓其他團隊去測試和採用，接著在微軟的各種產品中趨於成熟。這等於在公司內部形成一大堆創新迴圈，收到回饋之後，又會回過頭幫助Bing開發未來的模型。

至於微軟研究院的案例，提到如何一步步推進，填補創新研究和產品開發的落差，以免這些研究止步於實驗室。一步步推進，就等於階段性成果，可以在短期內滿足企業的需求，避免長期研究淪為紙上談兵。

另外在第三章提到的Office，團隊趁程式碼還沒開始寫之前，先透過視覺化的設計，包括草圖或介面設計，預想新軟體的使用體驗。這就會確保整個團隊有共同的願景，也會更清楚自己的角色。

關鍵做法三：爭取高層長期的支持

這堪稱創新成功的首要關鍵。無論是執行長，還是直屬上司，這些高層是重要的推動者，讓創新流程持續不間斷，反覆適應現況。為什麼高層會這麼重要？因為經驗夠豐富，視角夠全面，能夠理解並支持每一個創新階段。舉個例子，高層有足夠的技術和科學背景，就算產品原型還沒有做出來，也能夠提出關鍵的問題，幫助團隊突破。高層掌握工程和開發流程，鼓勵前期創新團隊為後續的工程和開發鋪路，而不只是埋頭創新。高層對於銷售和行銷也有概念，能夠提前設想各種方式，來創造更大的價值。這種全局視角很重要，因為在創新的過程，牽扯的技能和業務範圍太廣了，而且貫穿一整個創新週期。

創新前期的變數最多，這時候最需要高層掛保證。雖然沒有人能百分之百確定哪個點子會成功，但現實是，領導者每帶領團隊成功一回，就會累積更多的信譽和權威，關鍵是拿這些優勢，來幫助內部的創新者。

此外，因為高層掌管整家企業，適合用分散投資的手段管控風險，在某個領域大膽嘗試，同時讓其他業務保持安定。舉個例子，四十人的團隊派出十個人，去做高風險的專案，可能會讓整個團隊崩潰；但如果公司裡面有五千人，分出十個人就完全合理。創新高手都很有策略，懂得評估風險，知道哪些層級最適合推動創新，就主動在那個層級爭取支持。

許多創新一開始只是小團隊的「副業」，但事實一再證明，沒有高層支持，團隊再怎麼努力也走不遠。就像推石頭上山，一旦坡度太陡，團隊不是被組織流程卡住（而非技術問題），就是被時間和精力拖垮，更慘的是，這兩個狀況一起發生。這時候，如果有高層支持，就有人幫忙開路、提供資源，由上而下帶動其他部門。

看看微軟的例子，每個成功專案的背後，幾乎都有高層撐腰。遊戲業務一開始有蓋茲和鮑爾默，現在則是史賓賽和納德拉。Bing和Office也有納德拉支持。Cognitive Services則有沈向洋。VS Code則有格思里和贊德。微軟研究院當年有蓋茲和米佛德在背後推動。有高層撐腰的話，更容易在其他組織層級爭取支援，公司其他部門更願意配合，因為有高層加入，就代表這項創新是微軟的策略重點。

有的創新團隊會選擇低調行事，先不讓高層注意到自己，一直等到成果夠成熟，才有信心拿出來展示。他們常說：「我們沒準備好，不適合曝光！」這種心態很常見，只想讓一切默默進行。但最厲害的創新者，從創新生命週期之初，就開始爭取高層支持。他們不會等到所有驗證完成，而是早在前期就先向高層「賣前景」，這麼做有幾個好處：可以提早獲得高層的建議，修正技術或組織的盲點，以免像其他創新者走冤枉路；讓高層覺得自己是創新的一部分，未來遇到挑戰時，高層就會更願意一起解決；高層還會在整個公司幫忙掛保證，特別是在創新前期這個風險最高的階段，這一點非常重要。

如何走完創新適應曲線？

創新的適應循環，誰都躲不掉，無論你有沒有發現，你肯定處於這條曲線的某個位置。這裡提供幾個小技巧，幫助你判斷現況，你是在幼苗階段、大樹階段、森林階段，還是剛被雷劈完，準備重整旗鼓呢？認清自己在哪個階段，才知道接下來怎麼走。

如果你的創新還只是幼苗，就屬於創新前期。就算剛剛起步，還是要認清一個現實，市場變動是躲不掉的。創新本來就是不斷循環的過程。首先，打造一支符合你願景的團隊，確保你的系統夠靈活。就像在第五章，霍維茲說過，你招募什麼樣的人，會決定你組織的樣貌。

本・霍羅維茲（Ben Horowitz）有本書名叫《什麼才是經營最難的事？》（*The Hard Thing About Hard Things*），書中也有提到「找到對的人很重要，如果員工有健康的企圖心，他會希望公司成功，而自己的成功只是順帶的結果。相反地，什麼是錯誤的企圖心呢？只顧著自己升官發財，完全不管公司死活。」[71]霍羅維茲當年是在談高層，但微軟的團隊證明了，這個道理適用於所有人。

除了創新的部門，營運、銷售、客服等也要做好準備。僵化陷阱其實無所不在，一不小心就會踏進去。數據會說話：六〇％的營收和利潤成長，都不是靠運氣，而是靠靈活應變！[72]

如果你的創新長成大樹或森林，恭喜你，已經跨過創新的前期，開始逐漸成熟。這時候，最容易犯的錯誤，就是把所有資源都投進去，尤其是人力和資本有限的組織。但問題是，你手上只有一個成熟或正在成熟的產品，卻沒有新的布局，當市場變天，你就要跟所有人一起重新來過；但如果你未雨綢繆，早就開始孵化下一個創新，現在就可以換它接棒了。

持續創新的關鍵，在於「了解自己，也了解你的團隊」。運用開拓者、屯墾者、城鎮規劃者、跨界者這個分類框架，看看你自己和團隊成員在哪個階段最有機會發光。創新從來不是靜態的，所以關鍵是知道何時應該交棒，前期要依賴開拓者和屯墾者，但到了某個時間點，就得讓城鎮規劃者進來。大家選擇團隊成員時，往往太在意學歷和年資，但是從 Cognitive Services 的案例可以看出，能力、態度和經驗品質也同樣重要，說不定其實更重要。

如果你的創新剛失敗，現在要重新來過，那就要學聰明點。上次你只種了一棵樹，而不是一片森林，結果被雷劈了，全部燒成灰。幸運的是，你還沒有被市場淘汰，可能是你有實力，也可能是運氣夠好。而且，現在的你，比以前更有智慧了。別再抱著「市場變動可能會發生」的心態，而是要相信它一定會來，所以這一次你要有所準備，同時培養第二個和第三個幼苗，甚至第四個。你也要持續關注下一次市場變動。你的未來要多方布局，有一個創新已經在成長（C），還有另一個正在發芽（E），有幾個還在孵化（H），並且預留一些空間，允許自己失敗（不在圖中的B、D、F、G），見圖九．三。

如果你已經卡在「僵化陷阱」（A），該怎麼辦呢？當組織變得僵化，最直接的問題就是缺乏應變能力，適應力也會變差。如果你的組織太死板，市場環境一變，你就會跟不上。就連小公司也會僵化，主要是太依賴第一款產品、第一個服務，或最初的商業模式，明知道某

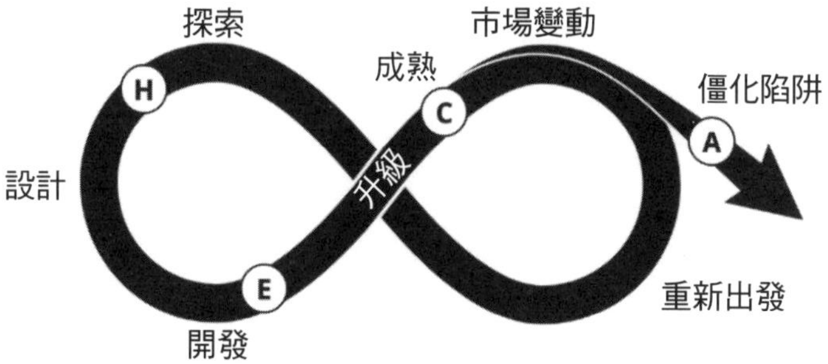

圖 9.3　打造連續的創新組合

些構想不好，卻依然無法放手，或者錢燒得太多，寧願硬撐下去。該怎麼擺脫僵化陷阱呢？最好的方法就是不要掉進去！

作者筆記

卡里南的感想

創新離不開人脈。對我來說，最實用的工具就是熱圖（heat map），分別用不同的顏色，標示公司內部組織架構，顯示哪些團隊跟我們有多緊密、信任度有多高。綠色代表雙方有建立信任，合作無礙。紅色表示雙方幾乎沒有合作過。這張圖超級有用，可以看出哪些團隊可能會支持創新，哪些還要另外打好關係。有了這份指引，我們可以主動出擊，在需要合作之前，事先建立好關係。

這張熱圖還有一個妙用，避免現成偏誤（availability bias）影響工作上的合作關係。我們最緊密的合作夥伴，往往是經常碰面的人。有些關鍵合作對象，因為彼此不常接觸，久而久之就被忽略了。如果有定期回顧熱圖，或許會及時發現，一些重要合作夥伴因為缺乏交流，關係正逐漸淡化。這時候，主動去聯絡這些夥伴，不但能維持緊密的關係，等到下次有合作的機會，彼此關係還是相當穩固。

加賓的感想

我是參加仿生學與社會創新的工作坊時，第一次聽說大自然的適應循環。[73]當時主持人托比．赫茲利希（Toby Herzlich）和戴娜．鮑梅斯特（Dayna Baumeister）秀出那張圖，我整個人從椅子跳起來，衝到白板前面指著它說：「這不就是商業創新做的事嗎？」幸好當天的場子比較隨性，大家覺得我的興奮很有趣，於是我們討論得很熱烈。這種東西，一旦看過就無法忘記，已經變成我主要的思考框架之一。

其實，這只是我從仿生學學到的一小部分，所謂的仿生學，就是向大自然學習，模仿大自然的策略，來解決人類的設計難題。[74]現在回過頭看，這根本是顯而易見的道理，只要仔細觀察大自然如何運作，我們就能獲得許多創新的靈感。說來諷刺，我之前花了整整二十年，為自然環境實現各種創新，卻從來沒想過要向自然學習。不過，自從我開始學習仿生學，並在團隊實際應用，這五年來我們能夠處理更複雜的問題，還找到更優雅的解決方案。當時我和艾瑞克．彼得森（Eric Peterson，我的技術合作夥伴）聊到微軟的創新計畫，他對我們的經歷提出很棒的見解：

說到工程師的工作，基本上就是按需求排解問題，但現在我開始主動把仿生學的目標帶進來，不管公司有沒有硬性規定。我現在比以前更關注大自然，我會閱讀的主題，可能是自然解決方案、大自然的運作、科學家發現的自然新知，例如我會研究病毒的原理、蛋白質如何移動，從中獲取靈感。這些資訊就像是一顆顆小種子，埋在我的腦袋裡，等到我要處理資料中心的問題，就可以抽出一個小種子，來處理手邊的事情。

我跟彼得森深度討論過，我們一致認為，這種創新方式對工程師是寶貴的資源，對我們而言，這個方法打開了一扇門，帶來無限的靈感、架構和現成的解決方案！

第十章

創新模式三：用情感激發全體變革

說到底，創新就是創造價值。但問題來了，什麼是價值？這問題沒有標準答案，因為價值的定義，取決於你詢問的對象。所以，要讓創新成功，不只要了解價值，還要把它講清楚。事實上，我們在公司裡聊了一輪，結果發現創新前期最大的挑戰，其實是弄懂「價值」到底是什麼，這關乎你要解決的問題，或是你想爭取的機會。這一章會跟大家解釋，為什麼傳達創新的價值這麼困難，同時分享一些框架和做法，讓這件事變得更容易一些。

誰需要認同創新的價值？簡單來說，任何跟這場創新有關的人，都是利益關係人，可能想化解某個痛苦，想獲得某種好處，或者想發動改革。這裡可以套用一個常見的商業框架，也就

是3C法則：[75]

客戶（Customer）：第一個C是決定創新價值的終極裁判。如果客戶不買單，那麼再酷的點子，也只是個概念而已。但問題來了，人們只會接受自己覺得有價值的東西，然而沒有真正體驗過，很難理解它的價值。這種矛盾循環，正是創新者的最大挑戰！

合作夥伴（Collaborator）：第二個C對創新至關重要，不只是公司內部的團隊，還包括合作企業的團隊。第八章提到過，要把一個想法從零開始，變成有價值的產品，最後擴展規模，需要很多人共同努力。創新的影響力越大，需要的合作夥伴就越多，團隊的層級也會越複雜。這裡又回到那個矛盾循環了，甚至更加麻煩，因為合作夥伴比客戶更早投入，產品都還沒成形就得相信它！雖然這些利益關係人的角色不盡相同，但仍要為彼此創造價值，這挑戰的本質如出一轍，都是要突破現狀。

競爭（Competition）：第三個C在創新的世界裡，其實沒那麼單純。說實話，創新經常遇不到商業對手。但有趣的是，競爭對創新來說反而是好事，為什麼這麼說？因為有競爭對手，就會有市場標準，讓你衡量創新的價值。例如第六章談到的Bing，Google其實幫了一個大忙。Google崛起之前，搜尋引擎只是微軟MSN網站的一個小功能，根本不是獨立的生意，也稱不上核心功能。如果沒有Google，或許就不會有Bing。

但說到底，創新最大的競爭對手，其實不是其他公司，而是現狀。當人們習慣現在的做法，就很難克服認知慣性。

創新的最大對手

慣性的意思是，除非有外力介入，否則系統會維持現狀。這不只適用物理現象，人類思維也是一樣。維持固定的思維狀態，就叫做認知慣性。當公司、團隊或個人習慣某種做事方式，若沒有強大的外力介入，比方政策指令、外部影響、勸說等，人是不會主動改變的。但問題來了，創新者通常缺乏正式的權力，並無法命令組織或個人接受新事物。就像在第四章提到的，創新者「推力」有限，卻還要設法施展「拉力」，讓利益關係人願意改變。

德瑞克．席佛斯（Derek Sivers）製作的「跳舞哥」（Dancing Guy）影片，完美示範吸引力如何打破慣性。[76]畫面是這樣的：一群人坐在山丘的草地上，聽著音響放出來的音樂，悠閒享受陽光。這時候，畫面出現一個人，完全沉浸在音樂裡，一個人跳得很嗨，不在乎別人的眼光。一開始，大家似乎無視他。過了一會兒，第二個人加入了，兩個人一起搖擺，人群開始注意到他們。再過不久，第三個人也加入了。場子瞬間熱起來，最後整片山坡上的人全都跳了起來。

這支隨手一拍的小短片，完美呈現一個現象：人們習慣的思維模式和行為模式，剛開始總是會抗拒新的行為，就像影片那些人，一開始沒人敢跟著跳。但隨著影片的推進，畫面捕捉到一個關鍵時刻，認知慣性居然被打破了，人們開始接受新的行為模式，越來越多人加入舞池，氣氛瞬間點燃！

關鍵就在於如何突破認知慣性，盡快讓越來越多人一起跳舞，例如被客戶和合作夥伴認同。幸好行為科學家早就研究過這個問題，而且提出完整的科學理論，解釋該如何改變行為。

打破慣性：改變行為的過程

一九七〇年代末，詹姆斯．普羅查斯卡（James Prochaska）和卡羅．迪克萊門特（Carlo DiClemente）提出跨理論模型（TransTheoretical Model，TTM），列出人們改變行為的六大階段。一開始，人們還覺得不需要改變，或者不值得改變，到了最後，徹底拋棄舊習慣，接受新模式。[77]波士頓策略傳播公司 White Rhino 更進一步，把這套複雜的行為轉變過程，整理成一張簡單易懂的路線圖，這是我們每一個人做決定或接受改變時（例如決定起身跟著跳舞），都會經歷的心理歷程。[78]

「B2Me」的過程，強調個人連結的重要，靈感其實來自B2B（企業對企業）和B2C（企業對消費者）這兩種商業模式。由此可見，一個人改變行為的過程，從起初完全不知道某個新觀念（圖十．一的左半部），一路到了最後，不僅接受新行為，還願意成為倡導者（圖十．一的右半部）。整個過程可以分成三階段：產生興趣（Interest）、開始考慮（Consideration）、做決定（Decision）。

在創新的領域，要打破認知慣性，通常不是聊一次天、做一次展示就可以搞定的。很少人會從完全沒聽過，直接變成倡導者，這中間其實是漸進的過程，創新者可以引導，但不可以強迫。因此，必須跟所有利益關係人以及團隊刻意保持互動。

根據行為科學的研究，B2Me模型告訴我們，成功的互動不只要講道理，也要打動人心，因為從

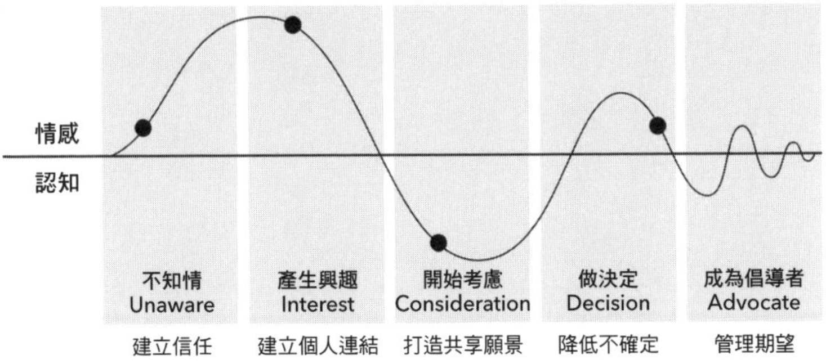

圖 10.1　White Rhino 的 B2Me 行為改變歷程

圖十．一可以看出，人在決策時，會在感性（中線上方）與理性（中線下方）之間來回切換。一開始的時候，情感比認知更重要！畢竟，大家不會花很多腦力去分析新點子，但如果有吸睛的視覺設計、打動人的故事、激發想像的影片，就能瞬間抓住人們的情感，激發他們的興趣。一旦有情感共鳴，人就會願意動腦，進一步理性分析細節。B2Me就像一張地圖，幫我們在創新的過程，引發利益關係人的共鳴。

如果你還記得第三章，柯里森和麥納提過「思考、行動、感受」模型，你就會發現，B2Me圖表是圖像化的版本，把那個心理動態直接畫出來。

把理論變成行動

先總結這一章的內容，創新一定要改變人們的做事方式。但問題是這世界充滿慣性，大多數人都偏好現狀，不管是個人還是團體，這跟人類演化有關，除非有足夠強大的理由，才會讓我們覺得非要改變不可。創新者的任務就是要透過溝通，激發利益關係人的正面情感連結，讓他們明白，若支持這項創新，世界會變得更好，對自己也有好處。這裡並沒有通用的溝通公式，不同的利益關係人或團體，都需要不同的溝通方式，必須量身打造。

為了落實這套方法，White Rhino不僅整合跨理論模型，還結合了組織人類學家茱蒂絲・葛拉瑟（Judith Glaser）的研究成果。她的著作《對話的智慧》（*Conversational Intelligence*），整理出關鍵的信任槓桿，分別對應不同的行為轉變階段，包括建立信任、建立個人連結、打造共同願景、降低不確定性、管理期望這五個階段。接下來，我們深入探討第一個、第三個和第四個槓桿，並搭配真實案例了解該怎麼落實。

槓桿一：建立信任

如果別人不信任你，你講再多創新價值也沒用。影響別人行為的第一步，永遠是建立信任。這就是人性本能，信任會降低恐懼，不用擔心自己會受傷、被騙、被背叛，對話也會變得更開放、更真誠。對創新者來說，這特別重要，因為要說服利益關係人，就必須深入交流，知道有哪些需求、欲望、痛點、偏好。換句話說，先取得信任，才能搞清楚客戶和合作夥伴在乎什麼。

信任怎麼建立？這需要幾個行為元素，包括可靠、一致、合作、透明。當你持續展現這些特質，別人對你的信任就會越來越深。信任加深後，心理安全感也跟著強化。當利益關係人相信你會站在他們的角度思考時，他們會更願意嘗試新事物，甚至承擔更大的風險。這會形成一個正向循環，一來維繫關係，二來製造更多創新的機會。

反過來說，如果信任崩壞，有時候關係會直接破裂。假如公司或個人行為反覆無常、不可靠、不透明，原本建立的心理安全感就會瓦解。一旦開始覺得風險變大了，無論這種感覺是不是真的，會立刻啟動生存本能，精力就會轉向自保。這對於創新來說，簡直是致命一擊！

這也難怪，這本書做過的訪談，信任是大家最常提及的話題之一。

遊戲部門：Xbox財務業務副總裁史都華提到，遊戲部門為了贏得高層的信任，每次都穩定達成財務目標。因為這樣做，高層就願意給他們更大的創新空間。史賓賽也聊到，Xbox One發布失利後，如何跟玩家社群重建信任成了首要任務。提奧安達和盧也說，建立以信任為基礎的企業文化，讓遊戲部門找到「豐富企業文化」的人，而不只是「適應企業文化」的人。

Visual Studio Code部門：伽瑪和梅策爾提到，「跟使用者零距離」的做法，會形成一群願意嘗試新功能的忠實使用者。他們獲得使用者的「同意」，能盡情嘗試各種新點子，因為他們始終保持透明，把設計、開發藍圖、問題紀錄，甚至原始碼，全部公開！他們每個月還會準時推出新功能，但從不因為實驗而分散目標，讓社群完全放心。

Office團隊：喬漢提到，Office團隊如何用「保留率」建立內部信任，尤其是Word和PowerPoint導入AI功能後，客觀數據可以說明使用者的反應。就像那支跳舞哥的影片，第二個、第三個舞者加入之後，其他產品團隊看到成功案例，比較願意跟進。團隊還運用了「思考、行動、感受」的框架，搭配基本穩定體驗以及變革價值指標，維持開發速度和產品品質的平衡。

微軟研究院：這是位於總部外的研究實驗室，定期召開面對面會議，並且跟產品開發團隊建立個人連結（槓桿二），打造共同願景（槓桿三），待會有更詳細的介紹。

Bing團隊：花了好幾年時間，才跟微軟高層建立深厚的信任。有多麼深厚呢？當微軟準備將OpenAI高階ＡＩ模型融入自家產品（堪稱微軟史上最大膽的決策之一），居然決定讓Bing帶頭執行。

沒有信任，一切都只是交易。這也是為什麼，第八章一直強調要打造可靠的創新流程。在創新的前期，一切還只是假設，連個成品都沒有，唯一能讓人信任的，就是你的過往表現。

槓桿三：打造共同願景

信任有了，關係也建立了，下一步就是打造共同願景。有共同的願景，才會有共同的目標，讓組織靈活調整，有效管控風險。共同願景是逐步成形的，可能從文字開始，然後有了圖片，最後發展成原型，讓大家知道這個創新最終會做出什麼來，如何為大家創造價值。

創新剛起步的時候，如果有共同願景，能幫助團隊保持專注，以免偏離方向，即使細節和計畫會變，也不會迷失。大家也會覺得自己是創新的一部分，更願意投入，持續參與，直到目標實現。B2Me模型就強調，打造共同願景是重要的槓桿，促使利益關係人從猶豫轉向做出決策。只要這部分做得好，利益關係人最終的決策，就會是：「好！我們來創新！」

「要是我問大家想要什麼，他們會說跑得更快的馬。」大家常說這句話是亨利·福特（Henry Ford）說的，雖然來源存疑，但點出一個事實，想打造共同的願景，最直接的方式就是跟利益關係人對話！[79]創新者必須了解利益關係人，得知他們的工作方式、面臨的問題、在意的事情、怎麼做決策、怎麼描述自己的工作。這樣還不夠，創新不只是解決眼前的需求，而是要超越想像，做出一些讓人看到之後，這輩子再也離不開的東西。

有趣的是，這些資訊超容易取得。只要你去問別人，聊到對方的工作以及需求，他們不只會告訴你答案，還會額外講一堆。只要你展現好奇心和同理心，幾乎沒有人會拒絕（承認吧，你也是一樣）。而且越是遠離創新核心圈的人，例如內部的營運、維護、客服團隊，或是外部的一般使用者，跟這些人互動的價值越高。

我們訪問過的創新者都強調，跟內部和外部社群互動非常重要。團隊分享各種方法，像是：自己的產品自己用、快速疊代、建立內部使用者社群等方法。這些做法讓利益關係人感受到尊重，還會吸引外界關注、團隊支持，甚至提升聲望。

這些訪談中，還有一個話題經常拿出來討論：創新的點子，不只來自內部研發，還可能來自其他各處，包括同一個公司的其他團隊、外部的使用者，甚至競爭對手！大家常聽到的封閉心態，例如「不是我們自己發明的就不行」，在微軟團隊裡完全不存在。相反地，微軟不只接受外部影響，甚至專門建立一套系統，確保外部創意有機會加入。他們定期跟其他團隊合作開會，另外還開發一組工具，讓合作夥伴可以在產品試驗新功能，還會建立雙向的溝通管道。

微軟團隊怎麼做呢？微軟研究院和Office團隊長期合作，透過雙團隊合作計畫共享研究成果，確保新技術能應用到實際的產品。遊戲部門為了加強玩家和遊戲創作者互動，專門成立意見蒐集網站，還會透過社群媒體，或舉辦特殊遊戲場次，開放玩家跟史賓賽等高層交流。VS Code把這件事做到極致，直接將程式碼開源。

打造共同願景還有另一個原因，就是讓大家有時間準備，以便支持創新。這對客戶也說得通，但是對內部合作夥伴來說，這可是個大重點！像是業務、行銷、供應鏈、營運、安全、財務、客服，創新會需要這些部門的投入，真正讓發明變成創新。別忘了，在一開始，創新成功的機率本來就低，因為還沒有正式融入公司的營運系統，也沒有任何歷史紀錄，因此，投入資源來支持它，本身就是一種風險。

找出這些變革的契機，然後真正落實，是創新者與合作夥伴必須一起完成的任務。就像微軟研究院的案例，杜邁斯這樣說過：

這本來就是來來回回的過程。你跟其他團隊聊這項創新，看看有沒有可能為他們解決一些問題。他們可能會說：「這只解決一部分問題，還不夠。」然後你們繼續來回溝通。最成功的合作，往往是雙方都保持謙遜，都願意學習。

Cognitive Services的案例，就是絕佳的例子，當時核心團隊只有一小群人，主要是專案經理，他們從七個事業部門找來設計師、工程師、數據分析師等，一起打造「AI即服務」的共同願景。結果呢？這個計畫變成微軟最大規模、收到最多資金的業務之一。

前面打好基礎，後面就會順利許多。信任有了，關係也建立了，利益關係人會一起打造共同願景，換句話說，他們會覺得，自己對最終方案有所貢獻。這個創新能解決他們的問題，或者實現他們的目標，就算沒有百分百，但至少有幫上忙。這樣一來，創新對他們就有價值了。

槓桿四：降低不確定性

第四個槓桿是降低不確定性。首先，你要明白一點，每一個利益關係人的起點都不同，各自從自己的角度出發看事情。建立信任、建立個人連結、打造共同願景，都要從對方的立場出發。不這麼做的話，有什麼危險呢？這其實跟人類心理有關。如果推動一項創新，合作夥伴一下子要改變很多行為，那麼十之八九會失敗。劇烈改變很麻煩，因為太突然，而且有風險。改變幅度越大，失敗機率就越高。因此，唯有確認對方的起點，才能夠設計必要的墊腳石，一步步帶著他們前進，而不是逼他們直接跳過去，這個概念在探討微軟研究院的第五章有提過。

換句話說，你要了解對方的細節。他們的一天怎麼過？他們有什麼職責？他們住在哪？平常都跟誰合作？他們有多少預算？最常使用哪些技能和工具？他們把創新的排序放在第幾順位？找到這些問題的答案，再搭配其他關鍵問題，你才能走進利益關係人的生活經驗。細節越多越好，背景資訊可是關鍵。

利益關係人的生態系統很複雜，每個人的起點都不同。我們的工作就是要釐清這些細節，找出共通點，讓

圖 10.2　體驗歷程圖範例

創新更容易推動。體驗歷程圖（experience map）是一種產品管理工具，可以派上用場，見圖十·二。

體驗歷程圖呈現利益關係人的流程與環境，簡單來說，就是把前面提到的那些問題，全部整理成一張圖。這張圖可以顯示現況，也可以幫忙想像未來的理想狀態。大致上，每個利益關係人都用橫條代表，列出階段或者里程碑。如果把多個利益關係人並列，一眼就能看出彼此之間的關係，更容易掌握缺口、依賴關係、時機點，還有其他寶貴的資料。

VS Code創業團隊親自研究，結果發現網路原生開發人員，跟傳統那批人的工作模式完全不同。Cognitive Services團隊深入探索後，發現行動開發商的市場有很多缺口。Office團隊實際了解使用者，才決定調整策略，不再瘋狂增加新功能，而是專心提升現有的功能，使之變得更好用。

這些團隊都有一個共同點：先整理利益關係人的現有體驗，然後對照共同的未來願景，這樣更容易找到值得投入的機會，一步步實現目標。

最後一個建議：提早讓行銷團隊加入

大家總以為，產品做完再來想行銷，但Office團隊反其道而行，從一開始就把設計和行銷團隊拉進來，並且分享為什麼這樣做，以及如何執行。Office團隊設計暨研究副總裁弗里德曼這樣說：

我們現在是讓行銷和設計同步進行。我們同時規劃SKU（產品）、包裝、使用體驗，接著會按照這個大方向，來推動功能開發。這需要不斷調整，絕不是一蹴可幾的事，但是當你這樣做，你對外傳達的故事，就會跟實際的產品不謀而合。客戶使用起來，也會更開心。

有很多行銷工具可以幫助創新者，加強跟利益關係人的溝通，其中訊息矩陣（message matrix）是特別簡單的工具，但相當實用，可以跟體驗歷程圖、行為改變歷程相輔相成。什麼是訊息矩陣？這是為了讓所有利益關係人和平台，收到統一、清楚、有說服力的訊息。企業對外溝通的語言，要符合公司的大目標、價值觀和品牌認同。這非常重要，各部門對外的說法才會一致，傳遞出去的訊息才會統一。此外，訊息矩陣還有一個作用，可以把複雜的概念簡化，變成清晰明確的說法，讓各種利益關係人都能產生共鳴。

使用訊息矩陣有幾個好處。最重要的是，把所有關鍵訊息集中在一起，在規劃溝通策略的時候，特別需要這種工具，針對不同的利益關係團體，找到最有效的表達方式。這屬於集中式管理，不僅能夠即時調整訊息，還能確保內容一致。

一般來說，訊息矩陣會整理成表格，依照不同的利益關係人分類。

從建立信任到改變行為，讓創新成為可能

現在把以上這些概念套用到創新的流程。創新一開始都會遇到阻力，整個組織從第一天起，就要弄清楚創新的價值，並且好好宣揚。牽扯的利益關係人那麼多，因此隨著創新的發展，宣揚的方式也要與時俱進，訊息矩陣就派上用場了！它能同時做到兩件事，

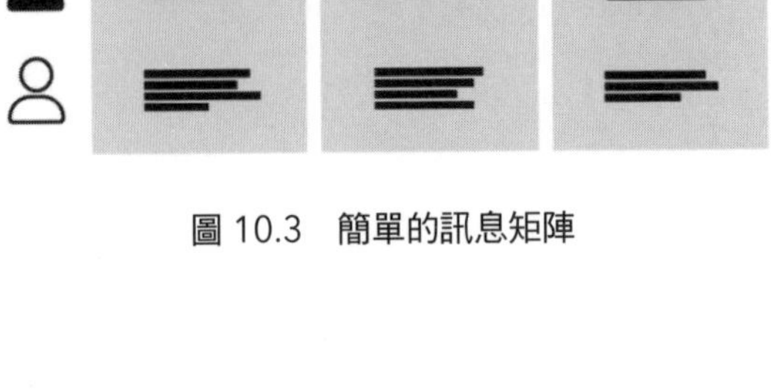

圖 10.3 簡單的訊息矩陣

一方面提供集中式訊息管理和標準框架，另一方面依照需求客製化調整。如此彈性的溝通，能確保溝通內容一致，又能符合不同對象的需求。

創新，其實就是改變人們行為的過程，這一切的核心是信任。從一開始就把行銷團隊和工具拉進來，團隊就能同步設計商業模式和解決方案，精準觸及各種利益關係人的深層情感需求。建立並管理訊息矩陣，團隊成員就能夠傳達一致的價值，特別有說服力。如果對行為改變歷程有深入了解，整個團隊會變得更細膩，懂得站在利益關係人的角度思考，建立信任，建立情感連結，推動改變，甚至多了一群忠實的擁護者。

作者筆記

卡里南的感想

這章講的東西是這本書裡面，最深得我心的內容！我特別喜愛跟利益關係人交流，不管是客戶或內部合作夥伴，去了解他們重視的排序，然後找到雙贏的創新策略。

我最愛用的一個方法，就是從創新初期，就開始有系統地跟關鍵利益關係人建立聯繫。第一步，就是建立「利益關係人熱圖」，這在第九章有提過，這張圖可以顯示我們團隊跟其他部門的關係深度。接下來，我們會標出哪些人決定創新的成敗，然後加以分類和標註，這些人對我們團隊的立場如何，是偏向支持、中立或反對。如果不確定某個部門的立場，就直接找他們聊聊，弄清楚他們的需求和順位。

反對的聲音會決定創新的生死，所以一定要弄清楚反對的原因。對於每個反對的部門，我們的做法都是先理解。對方掌握的資訊不完整，還是有錯誤？如果有這種情況，那就主動聯繫，提供更多細節。還是組織的問題呢？例如沒算在績效獎金之內，所以業務團隊不願意推動？如果是這樣的話，那就找其他部門聊一聊，例如調整薪酬規劃、創造獎勵機制。或許對方並不是真的反對，只是太忙？這時候訴諸情感可能會有用，例如一起發新聞稿。重點只有一個，就是站在對方的角度思考，然後發揮創意，讓彼此能夠有交集。

這些做法是我在行銷部門多年累積的經驗。基本上，行銷就是「說服」，這些行銷工具和方法，不只可以吸引外部的客戶，對於內部的合作夥伴也同樣有效。

加賓的感想

資料中心是微軟的心臟，支持著公司各個面向。要設計、建造、擁有及營運一座資料中心，需要一個龐大的組織，仰賴各地社群的承載，奠基於使用者的需求，還有一大堆利益關係人，每個人都有根深蒂固的立場。當我們啟動「循環再生資料中心」計畫時，我們早就知道，要提早跟許多人溝通，而且頻率要高。我們還沒設計該計畫之前，就已經見過兩百位內外部的人員。公司內部的人，主要有工程、營運、財務、採購、營建、資安、法務與環保事務、能源、土地管理、網路、硬體和軟體各個領域。

這次研調花了四個月，但絕對值得！設計階段只過了幾週，我們就累積數百個構想，不僅解決許多痛點，還找出利益關係人在乎的策略機會。隨著專案持續推進，我們將這些想法不斷統整和精煉，最後變成一個完整的解決方案，同時發揮多重的價值。當我們把這些構想帶回去跟各個團隊分享，大家的反應非常熱烈，可見我們的方向沒有錯，也讓我們順利獲得他們的長期支持。

從一開始建立這樣的專家網絡，讓我們的核心團隊保持精簡，能夠快速地回應需求。我們的核心團隊只有六個人，但隨時可以擴展到幾十個人，確保計畫能順利進行。我們也跟策略溝通專家合作，建立一套訊息矩陣，這對我們來說非常有幫助，即使面對這麼多不同的利益關係人，我們每次簡報和提供新資訊，總是能夠切中要點。

第十一章

創新模式四：超越技術的創新

如果你問朋友，歷史上最有影響力的創新是什麼，他們大概會回答燈泡、汽車或網路，但他們很少會想到敏捷開發流程（agile development）、矩陣式組織（matrix organizational structure）或數據行銷（data-based marketing），即便這些創新對現代生活的影響也很大。這是因為，大家很容易把創新跟技術畫上等號，卻忽略背後的其他商業層面，而唯有這些層面到位了，技術才可能實現和發揮價值。有這種誤解的人，不只是你的朋友，就連企業人士也經常犯這種錯誤。

微軟當然是科技公司，但我們為這本書做的訪談，卻發現每個團隊的創新，早已跳脫了產品本身。比如Bing團隊運用AI深度學習新技術來提升搜尋表現，但二〇二三年微軟能夠全面推出生成式AI，其實是靠嶄新的內部協作，將深度學習模型分享給其他產品團隊。Bing成長暨推廣合夥總經理桑德斯這麼說：「我們團隊不會說『這是我們的地盤』，相反地，我們會跟任何團隊合作，可能是Edge、Officec或是Windows，重點是促進跨越產品的創新，不用管到底是哪個部門。」

VS Code團隊開發一款支援多種程式語言的編輯器，成功讓微軟打進網路原生開發人員的市場。然而，VS Code之所以能夠迅速走紅，關鍵是採取「開放式開發」策略，凝聚了一批忠誠且活躍的社群，最終讓VS Code成為市場上的明星產品。

許多學術研究都證實，企業轉型（例如超越產品的創新）才是創造價值和競爭優勢的關鍵。這類創新可以貢獻九〇％的價值，卻只爭取到一〇％的資源投入。[80]

技術創新與商業轉型同步，打造絕佳競爭優勢

二〇一九年出版的《創造性建設》（*Creative Construction*），作者蓋瑞・皮薩諾（Gary Pisano）研究了許多企業競爭實例，包括Netflix對上百視達（Blockbuster），Facebook對上Myspace，還有Android對上蘋果和微軟，最後提出一套創新類型框架，適合大多數產業使用。

他主張，如果從技術變革和商業變革這兩個角度，來分析創新的機會，就可以釐清公司的創新策略，提高成功機率。

這裡提到的技術，不只是狹義的科技，而是運用科學知識來實現實際的目標。這樣可以把創新分成四大類：

一、日常創新（Routine Innovation）：這就是我們熟悉的漸進式創新。但是皮薩諾特別強調，雖然說是「日常」，不代表這類創新就是簡單快速，或比其他創新沒價值，只是說它運用的是公司既有的技術與商業能力。日常創新是企業保持競爭力的基本門檻，Windows定期更新就屬於這一類。

二、破壞式創新（Disruptive Innovation）：

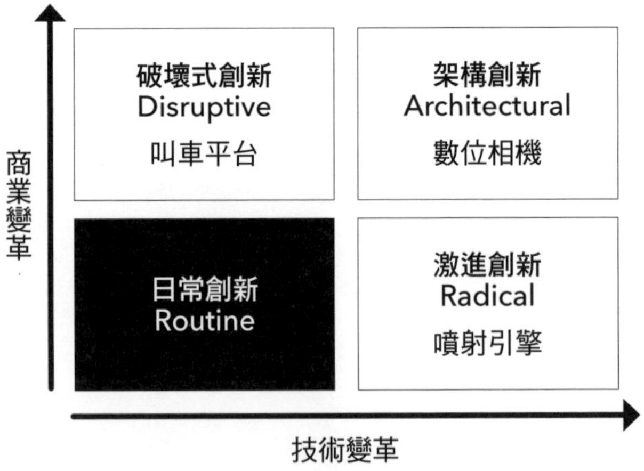

圖 11.1　皮薩諾創新地圖

換一個新方式，來提供相同或相似的技術解決方案。皮薩諾這個定義，其實有點類似克里斯汀生的《創新的兩難》。例如微軟遊戲部門推出Game Pass，就可以算破壞式創新，因為把買斷制變成訂閱制，徹底改變了商業模式，但因為遊戲本來就可以透過數位下載，所以這項創新不需要重大的技術變革。

三、激進創新（Radical Innovation）：技術層面有重大變革，但商業模式大致沒有改變，例如微軟Office的核心功能整合ＡＩ，大幅提升使用者的體驗，就是典型的激進創新。

四、架構創新（Architectural Innovation）：技術和商業模式一起變革。顧名思義，這還會影響產品的設計方式、銷售模式，甚至是進入市場的方式。Visual Studio Code就是經典的案例，雖然跟前幾代產品一樣是開發工具，但技術架構與商業模式完全不同。

有了這個框架，企業可以更輕鬆規劃各種創新組合，不再只是做持續改良（日常創新）或單純技術突破（激進創新）。但如果刻意推動商業轉型（破壞式創新和架構創新），就得進一步拆解商業層面，涵蓋產品的上游與下游。

上游（upstream）是做出產品的人力、流程、系統，包括製造和供應鏈夥伴，甚至是獲利模式。下游（downstream）是產品如何推廣和交付，如何跟客戶互動，如何提供售後服務，也包括公司形象（包括品牌）。比方，這本書提到微軟擅長打造各種「內部社群」，也是下游創新的例子。

技術創新和商業轉型並重，雖然難度更高，但是不容易被競爭對手超越。第六章提過，微軟吃過這方面的虧，Google推出搜尋服務後，微軟才驚覺自己落後了。從那時起，只要有競爭對手同時做到技術創新和商業轉型，微軟內部就會響起一句話：「別忘了Google的教訓，千萬不要大意失荊州。」

那次的教訓太慘痛，但也因為如此，本書這些案例才會大力推動商業轉型吧？我們從這些經驗，歸納出幾種可行的策略：

策略一：上游創新，帶動下游成功

微軟的創新者不只是改變技術，還願意重新評估公司的組織架構、流程、獲利模式，甚至是合作夥伴關係，並且依照需求靈活調整。這樣的創新，不僅為微軟自己創造可觀的價值，也為合作夥伴以及客戶創造莫大價值。以下是微軟的幾個做法：

講究策略的組織創新。組織創新不能停留在重畫組織架構圖，而是要重新思考組織的每個環節。這涉及許多關鍵決策，比方損益責任劃分、決策權重新分配，就連招募人才也得有策略。

微軟遊戲部門有許多絕佳的例子，比方為了順利推出Game Pass，把整個Xbox團隊合併成一個損益表。他們還打造全新的企業文化，吸引並留住各個產業和領域的人才。Office團隊也不遑多讓，提升設計部門的地位，讓設計師跟工程師平起平坐，同樣都是產品開發的主力，在我們個案研究的章節，也有提到這種組織創新如何解鎖轉型契機，創造更多的價值。

流程持續創新。真正優秀的創新者，絕不死守公司的流程，因為他們很清楚，每個專案的挑戰都不一樣，解決問題的方法也要跟著變。他們努力保持敏捷，打造靈活的流程，來適應多變的環境。但他們沒有拋棄營運紀律，而是會定期檢討流程，判斷哪些有效、哪些該調整，確保專案能順利推進。

微軟研究院知道，勇敢冒險是成功的關鍵，但微軟傳統的獎勵機制，主要只看最終的成果，於是高層就調整績效考核標準，不只關注最後的結果，同樣也重視決策品質。

第七章提到安全性開發生命週期，這直接顛覆傳統的開發流程，採取提前布局的策略，從前期就開始重視安全性與信任感，而不是等到後期才來補救。

經常拓展人脈。創新的過程要持續進化，絕對少不了新知識與新技能，最快的方法就是找不同組織和背景的專家合作。重點是懂得打造高效、順暢的合作，讓每個人都能受惠。這不就是Cognitive Services團隊嗎？這支團隊的任務就是充當橋梁，一邊連結ＡＩ模型開發人員，另一邊對接Azure等發行通路。

獲利模式要創新，但也要精打細算。創造價值很重要，但賺錢方式也很重要，這就是一體兩面。但獲利模式的創新，其實是難度和風險最高的創新。為什麼呢？這是因為損失看得見，也算得出來，一來現有的利潤縮水，二來新的收入來源不一定成真。此外，如果要追求新的獲利模式，整個營運和商業模式也要大幅調整。

雖然風險這麼大，還是有很多成功案例。VS Code一直是免費的服務，但不代表沒有商業價值，這個獲利模式是吸引網路原生開發人員使用VS Code，進而把流量導向Azure。遊戲產業一向靠硬體賺錢，但Xbox 360顛覆遊戲產業的傳統，推出訂閱制的獲利模式，從最初的Xbox Live到後來的Game Pass。

微軟遊戲部門執行長史賓賽，回顧獲利模式創新的過程：

> 有沒有一種商業模式，可以讓三十億人都喜歡，而且負擔得起？不可能吧。那我們該怎麼讓三十億人享受遊戲的樂趣？大概得打破以前的做事方法。我們幾乎可以確定，一定要換個新的角度，來思考我們在做的事情。而且我希望，把一切變得更有看頭，因為我們把標準拉高了。

說白了，想走出新的路，就要有勇氣和遠見，讓我們前進的步伐，就好像我們服務的對象一樣，這麼豐富多元！

策略二：每個人都是夥伴

「如果你手上只有鐵鎚，那你看什麼問題都像釘子。」

——亞伯拉罕・馬斯洛（Abraham Maslow）

推動上下游創新的成功關鍵，其實是跟擁有不同工具和視角的人合作。**把客戶當夥伴**。回顧微軟每一個案例，所有團隊都把使用者視為重要合作夥伴，跟團隊一起創造價值。他們更重視直接對話，而不是傳統行銷，讓許多創新的機會自然浮現。

VS Code透過開源和高度透明，讓開發者社群直接參與，社群不只會提供新點子，還會貢獻程式碼。遊戲部門在Xbox One失利後，痛定思痛，主動向玩家透露開發計畫，讓玩家投票決定資源投入方向，「向下相容」這個新功能，原本業界覺得沒必要，但玩家超級買單，居然成為最受歡迎的更新之一！團隊也認為，一切都要感謝社群的意見。

另一個趨勢是建立使用者導向的數據指標，再另外結合遙測技術，不只看財務數字，也把使用者體驗看得同樣重要。例如Office團隊追蹤「保留率」，確認使用者保留多少AI生成的內容，這樣就會有源源不絕的使用者意見，幫團隊判斷什麼功能有用、什麼該繼續改進。

把供應商當夥伴。在這個超連結的時代，擁有全球人才不只是策略優勢而已，而是競爭的必要條件，尤其在疫情之後更是如此。最適合某個職位的人，未必正在求職，再加上預算和時間也不足，不可能每個職位都招人，因此，第一步其實是重整，這時候只要重新看待供應商（包括諮詢公司、顧問公司、約聘人力），把他們當成夥伴，就可以解鎖無窮的價值。[81]

把供應商當夥伴，需要徹底改變心態，拋開傳統的甲乙方關係，讓所有合作夥伴平等參與。這種平等的做法，可以營造更緊密的團隊氛圍，盡量發揮頂尖人才的智慧，不管他們來自哪家公司，都可以攜手朝著同一個目標邁進。這帶來的真正突破，不是單純交易關係做得到的。

把夥伴當真正的夥伴。微軟一向是注重夥伴的公司，超過九〇％的商業收入都來自合作夥伴，包含Accenture之類的產業巨頭，但也有一些小型科技公司，用微軟的平台打造客製化解決方案。[82]關鍵就在於讓夥伴直接參與創新的過程，無論是內部還是外部夥伴，在創新的路上，大家都是核心盟友和共同推動者。這能打破各自為政的問題，整合生態系裡面所有業務和利益關係人，徹底讓創新從概念走向實際應用。如此豐富的多元性，可以擴大創新的範圍，超越原本熟悉的產品。

舉例來說，微軟遊戲部門不只做主機，還開發專業軟體工具（亦即遊戲開發套件），幫助遊戲廠商突破極限。同樣地，微軟研究院採用公開發表政策，讓研究人員能夠跟學術界合作，關係緊密透明，這在企業界相當罕見。

創新的速度越快，合作關係越容易淪為單純的交易，但真正的創新，必須在生態系建立共生關係，才能像這些案例一樣，取得真正的創新突破，接下來就要教大家怎麼做。

策略三：打造共生關係

大自然的共生關係，可以讓兩種以上的物種，從彼此的互動受益，這樣的關係就叫做互利共生（mutualism）。最經典的例子就是授粉。蜜蜂、鳥類、蝴蝶等動物吸取花蜜，無意間幫助植物傳播花粉，促進繁殖，動物獲得的回報就是食物。

這聽起來像是雙贏，但其實比雙贏更微妙。雙贏可能只是單次的交易，但共生顧名思義，是一種持續的互動。這會帶來長久的合作關係，讓彼此的成功相輔相成，如果要推動持續循環創新，就需要這樣的關係！

仿生學創新顧問公司 Biomimicry 3.8，專門發想各種仿生學策略，幫助企業仿效大自然的共生合作，特地為共生合作制定四大標準：[83]

一、創新的路上，如果想善用共生關係，雙方必須各有所長，可能是知識資本、創投資本，也可能是設計或工程技術，重點是對方有需要。畢竟，雙方能力有越多重疊，合作價值就越低。

二、雙方都得穩定輸出自己的價值，持續不間斷。一旦資源或能力難以為繼，合作關係就會開始緊張，難以維持。

三、合作關係會一直改變。人會變、預算會變、策略會變，就連市場環境也可能瞬息萬變。合作關係必須隨之調整，這樣才能夠保持共生互利。

四、只要這些條件都滿足了，雙方終究會受益。彼此付出了時間、金錢或資源，以換取超越成本的東西。

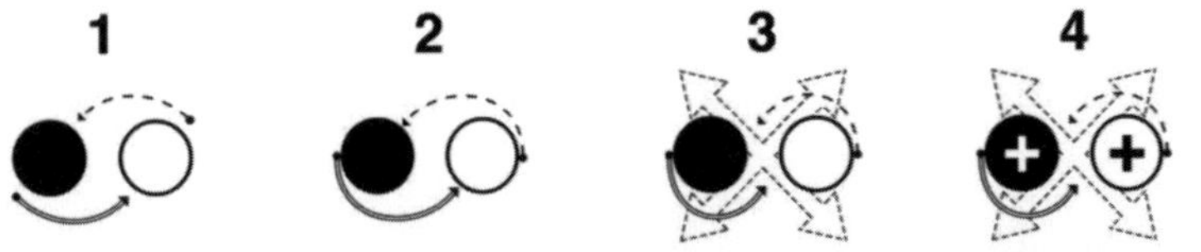

1	2	3	4
所謂的價值交換，是交換各自不同的資源或服務。	要提供這些資源或服務，雙方都覺得很容易。	夥伴會互相回應並調適，隨著環境調整合作模式。	這種互動為雙方帶來實質的好處，並加強正向循環。

圖 11.2　Biomimicry 3.8 大自然共生合作圖

一旦合作關係滿足這四個條件，就會形成正向循環，等到時間一久，雙方都能夠從中獲益。VS Code團隊就是很好的例子，每個月穩定推出優質更新，特別重視使用者的意見，結果不只累積一大群忠實使用者，也獲得更多寶貴意見。

我們接下來深入探討，到底有哪些觀念和工具，有助於打造這種正向回饋的機制？

回饋循環：對應需求與提供價值

回饋循環（feedback loop）遍布各種領域，本書介紹的案例研究中，也經常強調使用者的回饋。基本上，無論是哪個領域，回饋循環都是指系統內的因果關係。正向回饋循環就像油門，會推動系統中某些元素，而負向回饋比較像煞車，會抑制某些元素。

回饋循環圖其實可以很簡單，比如客戶和產品的回饋循環，整張圖就只有一個原因和結果。但回饋循環圖也可以很複雜，包含多重的因果，涉及多重的強化和平衡機制。圖表的複雜度並不是重點，但圖表越詳細，越容易找到雙方的需求與價值，建立更有利的合作關係。我們看到圖十一・三，列出兩種回饋循環圖，照著這兩張圖設計產品，最終的成品完全不一樣。

左圖代表公司與客戶的關係。公司需要收入，因此提供符合客戶需求的產品功能；客戶需要這些功能，就願意付錢。這就是單純的正向回饋循環，產品功能換金錢，金錢換產品功能，但是這樣的創新，機會其實很有限。

右圖比較複雜，加入公司與客戶的多重需求。對公司來說，除了金錢之外，可能還需要品牌認可、使用者數據、經銷夥伴、成長機會等；對客戶來說，除了產品功能，也可能在意工作流程整合、團隊協作、專業展示等。增加雙方的背景資訊，會找到更多交集，盡量配對雙方需求與價值。

如果加入更多的夥伴，甚至把時間軸和其他背景因素加進來（參考共生關係的第三條件），選擇會變得更多。例如：新客戶的需求跟老客戶一樣嗎？公司是剛起步，還是已經有穩定的市場？公司需要營收還是市場占有率？不同的文化、社會環境，是否會影響使用方式？年齡、使用時間、地點、社會規範、法規，有太多角度

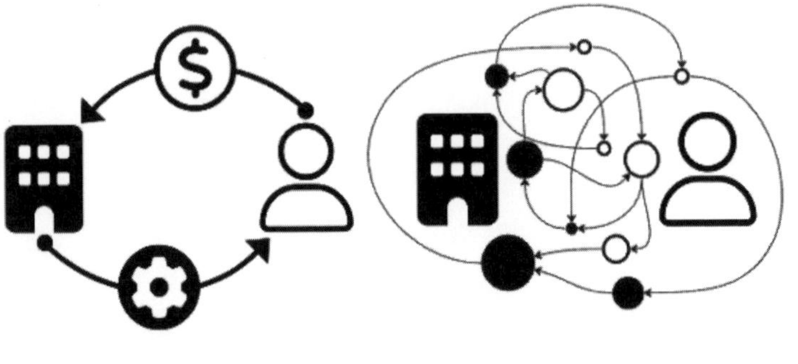

圖 11.3　回饋循環圖，左圖較簡單，右圖較複雜

可以切入，進而發掘隱藏的創新機會，同時避開可能的阻礙。

整合所有要素

微軟的創新模式，還差最後一塊拼圖，就是微軟研究院，有了這塊拼圖，你就能看懂微軟如何在各個層面成功創新。前面的案例研究就提到過，微軟研究院有別於其他工業實驗室，並不是獨立的研究單位，而是微軟的一部分。微軟研究院創立至今，核心目標不只是推動技術突破，還要跟著產品團隊共創微軟的未來。這種結合並不容易，許多公司像柯達和全錄，曾錯過大有可為的研究成果；但只要妥善整合，不同的環節就能完美契合。

還記得第五章提到的巴斯德象限吧？它從兩個角度劃分研究類型，看是要追求知識發展，還是應用價值（實際解決問題），把研究分成三大類：基礎研究（波耳模式）、應用導向的基礎研究（巴斯德模式）、應用研究（愛迪生模式）。這就是圖十一．四的左半部。如果把座標軸對調，皮薩諾創新地圖（參考圖十一．一）也可以放進去。這兩個框架合在一起，變成完整的創新策略，一路從新奇探索開始，再到那些經常被企業忽略、卻蘊藏著可觀收益的商業轉型機會。加賓把這個模型稱為「巴斯德—皮薩諾創新布局」（Pasteur-Pisano Innovation

Configuration），簡稱「創新布局」（Innovation Configuration）。

在微軟，各個團隊負責不同類型的創新，涵蓋一整個創新布局。微軟研究院專注於波耳和巴斯德模式，也就是激進創新。業務團隊聚焦愛迪生模式／日常創新，但也經常跟微軟研究院合作推動激進創新。業務團隊的高層以及公司一般高層，主要推動破壞式創新和架構創新，這通常要撮合複雜的內外部合作，發起更重大的變革。這些創新領域的責任歸屬，並沒有硬性規定，主要透過本書提到的高效協作，隨時靈活調整。

Bing在深度學習的發展歷程，正是成熟型創新的經典案例。當深度學習技術還在萌芽階段，Bing就已經開始採用，然後聯合微

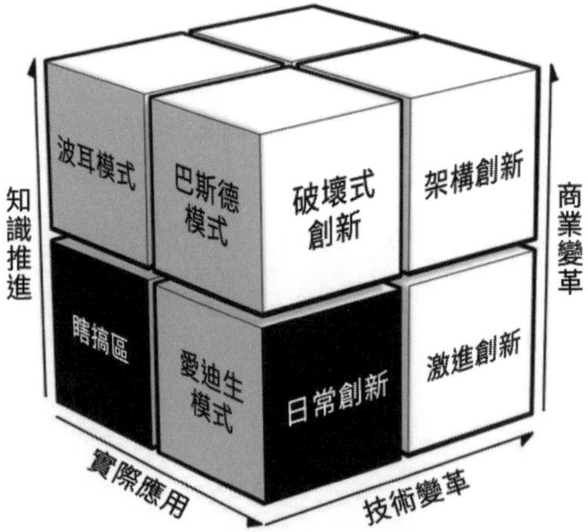

圖 11.4　巴斯德—皮薩諾創新布局

軟研究院和學術界的ＡＩ專家。這介於巴斯德模式和激進創新之間，帶有波耳模式的影子，透過應用導向的研究，推動技術突破。Bing再利用這項突破，重新構思和改造搜尋體驗，打造出Copilot這款ＡＩ助手，以使用者體驗為核心。這不僅是技術創新，也涉及商業模式轉型，可以歸類為架構創新。更重要的是，Bing把這些成果分享給微軟各大產品，幾乎是微軟所有的產品了，等於帶動整間公司的ＡＩ轉型。

成熟型創新真的不好做，融合這本書提到的所有元素。唯有掌握上述的核心元素，並參考微軟的實戰經驗，才能運用創新布局的框架，帶領團隊開拓新局。

作者筆記

卡里南的感想

我最不起眼但最常運用的一項技能，其實是釐清組織內的決策權。在企業環境，團隊和個人有權做什麼決定，都要看決策權的劃定。[84]但創新會帶領組織走向未知，決策權往往不明確。決策權不明，輕則拖慢決策的效率，重則導致團隊內鬨，為了誰有權決定起爭執。

解決這種問題，其實有一個好方法，就是舉辦RACI討論會。RACI分別代表負責人（Responsible）、最終決策人（Accountable）、諮詢對象（Consulted）、知會對象（Informed），可以針對各式各樣的決策，界定團隊和個人的定位。

- 負責人（R）：直接負責某項工作的個人或團隊，不僅負責決定流程，還需要執行。一個專案分成許多部分，各個部分可能有不一樣的負責人。
- 最終決策人（A）：全面掌控整個專案的進度，確保負責的個人和團隊能理解目標，並按時完成工作。
- 諮詢對象（C）：專案進行過程中，會提供意見與回饋，他們持續關注專案的進度，但只是顧問性質。
- 知會對象（I）：定期得知專案的進度，但不參與正式決策。

RACI討論會就是把大家聚在一起，討論專案的決策權，將之變成明文規定，通常只需要兩、三個小時，未來就不會因為決策權不清，導致一大堆誤會或者混亂，這樣就可以省下幾星期或幾個月的時間！現在的組織變動很快速，如果想推動創新，這絕對是關鍵的工具。

加賓的感想

不管是誰，包括外部廠商在內，我們都當成真正的夥伴。這是我和團隊一直堅持的做法。就像微軟這麼大的公司，也不可能每個職位都請全職員工，更何況有些職位並不需要全職員工。因此，我以前待過的跨領域團隊，都非常仰賴外部夥伴。

為了打造平等的合作環境，我們推行「直接說，不修飾」的大原則。我們會請對方直說，或者跟對方說：「我就直說了。」提醒大家要勇敢提問、發表意見，不用怕自己說錯話或冒犯到誰。先直說，再一起修正。在討論創新的場子，無論是會議室、線上或任何合作空間，我們就是平起平坐的團隊，頭銜、背景或身分都先放一邊。

結語

引領企業前進的黃金原則

一開始，我們只是找些人聊聊，然後就開始好奇：微軟有沒有一套創新的黃金法則？我們回顧自己在公司內外的經歷，相信微軟一定有，而且我們可以找得到，這就是我們的第一個假設。我們繼續深入研究，又冒出了兩個假設：如果能統整微軟的創新故事，對全體員工可能有幫助（假設二），甚至對其他企業的創新者也有價值（假設三）。

一路訪談下來，我們很高興前兩個假設都成立了，但最讓我們驚訝的是，第三個假設居然也成立。這些創新模式不是微軟或科技業的專利，相反地，任何規模的公司、任何產業，都能運用這些工具、心法和合作方式。總結來說，我們的研究歸納出三大核心原則。

核心原則一：創新是全公司的事

這些原則貫穿了所有案例。我們研究的每一個團隊，都是跟上下游的環節保持緊密連結，從微軟研究院前期的探索，一路延伸到後期的業務行銷單位，還有最重要的客戶。創新從來不是某個部門的責任，而是整間公司的合作成果。

但如果光說「創新是全公司的事」還不夠，而是要主動出擊，打破壁壘。比如建立共通的語言，讓不同領域的團隊互相溝通，清楚討論新的觀念。找出跨界者，並且賦予這些人權力，由他們協助跨團隊的協調、溝通、合作推進（參考第九章）。特地開發新工具，例如Office團隊的「增強迴圈」，來降低技術門檻。

全公司一起推動創新，就不會只是日常創新，而是會投入時間、人才以及資源，跨越組織架構和財務報表的界限。高層的支持也很關鍵，包括執行長和一些直屬上司。雖然這類創新也可以從基層發起，但如果沒有高層長期的支持和投入，很難走得長遠。高層的優勢就是耐心布局，推動重大創新就是需要時間發酵。

核心原則二：創新不是直線，而是循環

自從工廠生產線誕生了，企業就習慣線性的思維和營運，所有流程和目標都有明確的起點和終點。PowerPoint頁面預設為橫向，適合由左到右的圖像，就連「上游」和「下游」的詞彙（沒錯，我們也用過！）都在暗示線性流程。日常業務也是像一條小河，哪裡阻力最小，就往哪裡前進。

創新不是線性的，而是個反覆試探的循環，包括假設、驗證、提問、尋找答案、碰壁、突破；有發散、收斂、整合，無限循環下去（參考第八章）。創新反而像大海，洋流不停循環，才能達到這本書提到的那些成果，但前進的浪潮總是有起有落。

書中每一個案例，團隊都接納這種創新循環。這已經融入日常流程，比方Bing團隊的試飛和試飛回顧會議。這也在各個業務實踐，不只限於產品開發，還涵蓋服務、企業文化、社群互動。這還要適應不確定性，變成一種本能。

第八章我們提到發散式探索，但對於講求穩定的企業，無疑會令人心慌。有些企業早就習慣標準作業流程、交期和紀律，突然要離開熟悉的領域，朝幾個不同方向探索，確實違反直覺。就像潛入水中憋氣，直覺會想要趕快浮出水面，這是很自然的反應。

然而，最頂尖的創新者，總是比別人還要大膽探索。當他們潛得越深，在未知中沉浸越久，最後會帶著越多想法浮出水面，持續不斷地推進創新。

核心原則三：創新靠的是信任

創新的本質就是改變，越複雜的變革，創造的價值越大，比方同時革新科技和商業模式（參見第十一章）。但問題是大家都不喜歡變動，更別說複雜的改革，這就是創新者最大的挑戰。

創新這條路，關鍵在於信任。領導者要營造一個適合創新的環境，讓每個深思熟慮的冒險，無論結果如何，都值得獲得獎勵。面對合作夥伴，大方分享功勞，不要怕埋沒自己的貢獻。面對客戶，要鼓勵他們參與，建立雙向溝通。真正有價值的互動，才能換來忠誠。

透明、穩定、負責，一直貫穿這本書的案例。我們訪談的團隊，無論對外或對內，首要之務都是要建立高度信任的關係。

微軟在這方面還有進步空間，公司內部還是有一些壁壘，偶爾仍會有互相競爭的情況。但這些案例告訴我們，最擅長創新的團隊，懂得以信任為基礎，來建立並維繫關係（參見第十章）。實際做起來，無非是設身處地，以及保持謙遜。因為，文化不是說出來的，而是做出來的。

最後一些想法

我們有時候的口吻，聽起來好像在幫微軟打氣，那是因為每次訪談之後，都帶給我們滿滿的正能量。每位創新者都有共通的特質，我們稱為「專注的喜悅」。他們對自己的工作極度認真，展現極致的紀律和專注，同時熱情、樂觀、喜悅，這會感染身邊其他人。他們知道創新不易，但覺得挑戰本身是樂趣的一部分。另一部分的樂趣，則是讓所有參與者受惠。

這也是這本書最大的啟發。讓工作充滿創新，這樣工作起來，自然會變得更有趣、更開心，但不代表要犧牲嚴謹、專注和紀律，事實上，這三個剛好也是創新成功的關鍵。

繼續對話吧！

這本書從一場對話開始，我們希望對話能持續下去。往後，我們還會持續分享微軟的創新故事和經驗，也很想聽聽你的故事！歡迎來 www.innovationatmicrosoft.com 跟我們交流。

一起前進吧！

注釋

1. Phil Spencer, "Building a Living and Learning Company Culture with Phil Spencer - DICE 2018," YouTube, IGN, February 21, 2018, video, 45:09, https://www.youtube.com/watch?v=zXg1mEVwplw.
2. Ulunma. "Before Facebook There Was... Friendster? Yes, That's Right!" Digital Innovation and Transformation, March 21, 2020. https://d3.harvard.edu/platform-digit/submission/before-facebook-there-was-friendster-yes-thats-right/.
3. Gregory DeVictor, "Year 2002 Fun Facts, Trivia, and History," HobbyLark, June 7, 2024, https://hobbylark.com/party-games/2002-Fun-Facts-Trivia#:~:text=Back%20in%20the%20year%202002,%2C%20Shakira%2C%20and%20Star%20Wars; John B. Horrigan and Lee Rainie, "Main Report: The Broadband Difference," Pew Research Center, June 23, 2002, https://www.pewresearch.org/internet/2002/06/23/main-report-the-broadband-difference/.
4. 損益表，顯示一間企業在特定期間內的收入與支出情況。能夠管理損益表，傳統上被視為高階職位的象徵。
5. "Kinect," Wikipedia, February 1, 2024, https://en.wikipedia.org/wiki/Kinect#Sales.
6. "Xbox," Encyclopedia Britannica, June 29, 2024, https://www.britannica.com/technology/Xbox.
7. Nick Jasuja, "PlayStation 4 vs. Xbox One," Diffen, accessed January 7, 2024, https://www.diffen.com/

difference/PlayStation_4_vs_Xbox_One.

8. 打造讓顧客「驚喜滿意」的體驗，是產品管理與互動設計師共同關注的重點之一。

9. Daniel Hollis, "Looking Back at the E3 That Delivered Xbox Backwards Compatibility," Pure Xbox, June 7, 2021, https://www.purexbox.com/news/2021/06/feature_looking_back_at_the_e3_that_delivered_xbox_backwards_compatibility.

10. Marko Dimitrievski, "33 Evolutionary Gaming Statistics of 2024," TrueList, February 17, 2024, https://truelist.co/blog/gaming-statistics/.

11. Steve Watts, "Why Xbox Game Pass Is So Attractive for Devs, Whether It Cannibalizes Sales or Not," GameSpot, March 24, 2023, https://www.gamespot.com/articles/why-xbox-game-pass-is-so-attractive-for-devs-whether-it-cannibalizes-sales-or-not/1100-6512698/.

12. Kumar Mehta, *The Innovation Biome: A Sustained Business Environment Where Innovation Thrives* (Boston, MA: Harvard Business Review Press, 2017), 40.

13. "Top Ide Top Integrated Development Environment Index." TOP IDE index, December 2023. https://pypl.github.io/IDE.html.

14. 克雷頓．克里斯汀生（Clayton M. Christensen），《創新的兩難》（*The Innovator's Dilemma*），商周出版，二〇二二。

15. Marcus Cross, "Top 5 Free & Premium Code Editors (Hand-Picked)," Crocoblock, January 15, 2024, https://crocoblock.com/blog/best-code-editors/.

16. "Eating Your Own Dog Food." Wikipedia, December 23, 2023. https://en.wikipedia.org/wiki/Eating_your_own_dog_food.

17. 微軟於二〇一八年併購 GitHub。

18. 微軟於二〇二三年十一月將Office套裝產品重新命名為Microsoft 365。
19. "Good Design," Interaction Design Foundation, accessed January 12, 2024. https://www.interaction-design.org/literature/topics/good-design.
20. "What Is Disruptive Innovation?" *Harvard Business Review*, December 2015, https://hbr.org/2015/12/what-is-disruptive-innovation.
21. "Microsoft Windows," Encyclopedia Britannica, July 2, 2024, https://www.britannica.com/technology/Microsoft-Windows.
22. Jordan Novet, "Bill Gates Says Letting Android Win Mobile Was His 'Biggest Mistake' at Microsoft," CNBC, October 15, 2020, https://www.cnbc.com/2019/06/24/bill-gates-why-microsoft-missed-mobile-and-let-android-get-ahead.html.
23. "Brad Rutter," Wikipedia, January 7, 2024, https://en.wikipedia.org/wiki/Brad_Rutter; "Ken Jennings," Wikipedia, January 15, 2024, https://en.wikipedia.org/wiki/Ken_Jennings.
24. Allison Linn, "Microsoft's Project Oxford Helps Developers Build More Intelligent Apps," Microsoft: The AI Blog, May 6, 2015, https://blogs.microsoft.com/ai/microsofts-project-oxford-helps-developers-build-more-intelligent-apps/.
25. "Committed to Our Culture," Microsoft Careers, accessed February 23, 2024, https://careers.microsoft.com/v2/global/en/culture.
26. Nikitina, Julia. "Cognitive Services Announced at //Build 2016: Azure Blog: Microsoft Azure." Azure Blog, May 11, 2023. https://azure.microsoft.com/de-de/blog/cognitive-service-2016-03-30/.
27. John Roach, "Microsoft Improves Facial Recognition to Perform Well Across All Skin Tones," Microsoft: The AI Blog, June 26, 2018, https://blogs.microsoft.com/ai/gender-skin-tone-facial-recognition-improvement/.
28. "Whole Earth Catalog," Wikipedia, accessed February 23, 2024, https://en.wikipedia.org/wiki/Whole_

Earth_Catalog#cite_note-4.

29. David Gann, "Kodak Invented the Digital Camera - Then Killed It. Why Innovation Often Fails," World Economic Forum, June 23, 2016, https://www.weforum.org/agenda/2016/06/leading-innovation-through-the-chicanes/.

30. "Xerox Alto," Wikipedia, accessed January 23, 2024, https://en.wikipedia.org/wiki/Xerox_Alto.

31. Lazonick, William and Matt Hopkins. "How Intel Financialized and Lost Leadership in Semiconductor Fabrication." Institute for New Economic Thinking. Accessed February 12, 2024. https://www.ineteconomics.org/perspectives/blog/how-intel-financialized-and-lost-leadership-in-semiconductor-fabrication.

32. 更多DARPA和巴斯德象限的實務應用，參見DARPA前領導者Regina E. Dugan和Kaigham J. Gabriel於二〇一三年十月發表於《哈佛商業評論》（*Harvard Business Review*）的文章：https://hbr.org/2013/10/special-forces-innovation-how-darpa-attacks-problems

33. "The Meteoric Rise of Microsoft Research: An Oral History," Microsoft Research Blog, September 26, 2006, www.microsoft.com/en-us/research/blog/meteoric-rise-microsoft-research-oral-history.

34. "Microsoft Research Timeline: 1991-2001," Microsoft News, September 5, 2001, https://news.microsoft.com/2001/09/05/microsoft-research-timeline-1991-2001/.

35. "Global Mobile Phone Shipments Top 1 Billion Units in 2006," Strategy Analytics, January 24, 2007, https://www4.strategyanalytics.com/default.aspx?mod= pressreleaseviewer&a0=3260.

36. 克里斯汀生，《創新的兩難》。

37. Salil Vadhan, "Letter re closing of Microsoft Research Silicon Valley," Theory Matters (blog), October 14, 2014, https://thmatters.wordpress.com/2014/10/14/letter-re-closing-of-microsoft-research-silicon-valley/.

38. "Top Search Engine Market Share in March 2022." n.d. Similarweb. https://www.similarweb.com/engines/.

39. DuckDuckGo 是由一個位於賓州費城地區的團隊創立的——那正是加賓的家鄉。所以，儘管 Safari 會是這份清單上理所當然的第三個名字，我們還是想特別提一下我們的朋友與鄰居。

40. Nick Routley, "Internet Browser Market Share (1996–2019)," Visual Capitalist, January 20, 2020, https://www.visualcapitalist.com/internet-browser-market-share/.

41. Michael Calore, "Sept. 28, 1998: Internet Explorer Leaves Netscape in Its Wake." *Wired,* September 28, 2009, https://www.wired.com/2009/09/0928ie-beats-netscape/.

42. Kurt Eichenwald, "Microsoft's Lost Decade," *Vanity Fair*, July 24, 2012, https://www.vanityfair.com/news/business/2012/08/microsoft-lost-mojo-steve-ballmer.

43. Saul Hansell, "Where Does Microsoft Want You to Go Today?; The New Strategy: Keep Web Surfers Busy with a Series of MSN Sites," *The New York Times*, November 16, 1998, https://www.nytimes.com/1998/11/16/business/where-does-microsoft-want-you-go-today-new-strategy-keep-web-surfers-busy-with.html.

44. "Sergey Brin and Larry Page," Lemelson MIT, accessed February 22, 2024, https://lemelson.mit.edu/resources/sergey-brin-and-larry-page.

45. Google, "Google Announces First Quarter 2008 Results," news release, April 17, 2008, https://www.sec.gov/Archives/edgar/data/1288776/000119312508083665/dex991.htm.

46. Microsoft, Annual Report 2006, (Redmond, WA: Microsoft, 2006), https://www.microsoft.com/investor/reports/ar06/staticversion/10k_dl_dow.html.

47. 賴瑞・基利（Larry, Keeley）等，《創新的十個原點》（*Ten Types of Innovation*），天下雜誌，二〇一六年。

48. "Search Engine Market Share Worldwide," Statcounter Global Stats, accessed January 7, 2024, https://gs.statcounter.com/search-engine-market-share#monthly-201201-201212.

49. 納德拉曾擔任Bing負責人，之後掌管Azure雲端業務，最終接任執行長一職。

50. Brian Dean, "Microsoft Bing Usage and Revenue Stats (New Data)," Backlinko, February 27, 2024, https://backlinko.com/bing-users.
51. Kaveh Kamali, "The Revolution of Deep Learning in 2012: A Paradigm Shift in Artificial Intelligence." Medium, September 22, 2023. https://medium.com/@kaveh.kamali/the-revolution-of-deep-learning-in-2012-paradigm-shift-in-artificial-intelligence-d4fdbfa87a42.
52. John Hughes and Lawrence Atkins, "GPT-4: How Does It Work?" Speechmatics, March 14, 2023, https://www.speechmatics.com/company/articles-and-news/gpt-4-how-does-it-work.
53. Yusuf Mehdi, "Confirmed: The New Bing Runs on OpenAI's GPT-4," Microsoft Bing Blog, March 14, 2023, https://blogs.bing.com/search/march_2023/Confirmed-the-new-Bing-runs-on-OpenAI%E2%80%99s-GPT-4.
54. Natasha Crampton, "Reflecting on Our Responsible AI Program: Three Critical Elements for Progress," Microsoft On the Issues, May 1, 2023. https://blogs.microsoft.com/on-the-issues/2023/05/01/responsible-ai-standards-principles-governance-progress/.
55. "OpenAI Charter," OpenAI, accessed April 9, 2018, https://openai.com/charter.
56. Regina Bailey, "Guide to the Six Kingdoms of Life," ThoughtCo, May 19, 2024, https://www.thoughtco.com/six-kingdoms-of-life-373414.
57. "Supply Chains Hold the Key to One Gigaton of Emissions Savings, Finds New Report," CDP, December 9, 2019, https://www.cdp.net/en/articles/media/supply-chains-hold-the-key-to-one-gigaton-of-emissions-savings-finds-new-report.
58. Melanie Nakagawa, "On the Road to 2030: Our 2022 Environmental Sustainability Report," Microsoft On the Issues, May 10, 2023, https://blogs.microsoft.com/on-the-issues/2023/05/10/2022-environmental-sustainability-report/.

59. Tamas Cser, "The Cost of Finding Bugs Later in the SDLC," Functionize, January 5, 2023, https://www.functionize.com/blog/the-cost-of-finding-bugs-later-in-the-sdlc.
60. Roma Dhanani, "The History of Regenerative Sustainability." Akepa, November 17, 2023. https://thesustainableagency.com/blog/the-history-of-regeneration-and-regenerative-sustainability/.
61. "The Circular Economy in Detail," Ellen MacArthur Foundation, accessed January 15, 2024, https://www.ellenmacarthurfoundation.org/the-circular-economy-in-detail-deep-dive.
62. Grassroots Carbon, "Grassroots Carbon to Provide Microsoft with Soil Carbon Storage Credits," PR Newswire, January 30, 2024, https://www.prnewswire.com/news-releases/grassroots-carbon-to-provide-microsoft-with-soil-carbon-storage-credits-302045925.html.
63. Mark Sullivan, "Satya Nadella: 'Absolutely, Tech Does Owe Something Back to Society,'" *Fast Company*, April 7, 2020, https://www.fastcompany.com/90486051/satya-nadella-absolutely-tech-does-owe-something-back-to-the-society.
64. "Harnessing Right Speech: The Transformative Power of Words for a Brighter Tomorrow." FDCW, August 30, 2023, https://compassionandwisdom.org/harnessing-right-speech/.
65. Benedict Sheppard, Hugo Sarrazin, Garen Kouyoumjian, and Fabricio Dore, "The Business Value of Design," McKinsey & Company, October 25, 2018, https://www.mckinsey.com/capabilities/mckinsey-design/our-insights/the-business-value-of-design.
66. Chris Argyris, "Teaching Smart People How to Learn," *Harvard Business Review* 69, no. 3 (May 1991): 99–109. http://pds8.egloos.com/pds/200805/20/87/chris_argyris_learning.pdf.
67. "Adaptive Cycle." Resilience Alliance. Accessed February 25, 2024. https://www.resalliance.org/adaptive-cycle.
68. Stephen R. Carpenter and William A. Brock, "Adaptive Capacity and Traps." *Ecology and Society* 13, no. 2,

(2008), http://www.jstor.org/stable/26267995.

69. Rokon Zaman, "Innovation S-Curve — Episodic Evolution," THE WAVES, November 30, 2023, https://www.the-waves.org/2022/03/13/innovation-s-curve-episodic-innovation-evolution/.

70. Neil Perkin, "A Structure for Continuous Innovation: Pioneers, Settlers, Town Planners," Medium, September 4, 2017, https://medium.com/building-the-agile-business/structure-for-continuous-innovation-pioneers-settlers-town-planners-2f33be932179.

71. 本・霍羅維茲（Ben Horowitz），《什麼才是經營最難的事？》（*The Hard Thing About Hard Things*），天下文化，二〇一八。

72. Jack Flynn, "16 Amazing Agile Statistics [2023]: What Companies Use Agile Methodology," Zippia, November 27, 2022, https://www.zippia.com/advice/agile-statistics/.

73. "Translating Nature's Intelligence Into Pathways for Cultural Evolution," Biomimicry for Social Innovation, accessed February 25, 2024, https://bsisocial.org/.

74. "What Is Biomimicry?" Biomimicry Institute, accessed February 21, 2023, https://biomimicry.org/what-is-biomimicry/.

75. "3Cs Model," Wikipedia, September 5, 2020, https://en.wikipedia.org/wiki/3Cs_model.

76. Derek Sivers, "First Follower: Leadership Lessons from Dancing Guy," YouTube, Derek Sivers, February 11, 2010, video, 2:57, https://www.youtube.com/watch?v=fW8amMCVAJQ.

77. "The Transtheoretical Model (Stages of Change)," Boston University School of Public Health, accessed February 25, 2024, https://sphweb.bumc.bu.edu/otlt/MPH-Modules/SB/BehavioralChangeTheories/BehavioralChangeTheories6.html.

78. "Know What Really Motivates People?" White Rhino. Accessed February 25, 2024. https://www.whiterhino.com/about.

79. Vlaskovits, Patrick. "Henry Ford, Innovation, and That'Faster Horse' Quote." *Harvard Business Review*, August 29, 2011. https://hbr.org/2011/08/henry-ford-never-said-the-fast.

80. Irving Wladawsky-Berger, "It's All About Business Model Innovation, not New Technology," *Wall Street Journal*, November 2, 2018, https://www.wsj.com/articles/its-all-about-business-model-innovation-not-new-technology-1541185215.

81. Kate Duchene and Antonio Nieto-Rodriquez, "Creating a Cohesive Team for Corporate Transformation Projects," *Harvard Business Review*, September 29, 2023, https://hbr.org/2023/09/creating-a-cohesive-team-for-corporate-transformation-projects.

82. Gavriella Schuster, "Inspired and Powered by Partners," Official Microsoft Blog, February 5, 2019, https://blogs.microsoft.com/blog/2019/02/05/inspired-and-powered-by-partners/.

83. Biomimicry 3.8, a leader in bio-inspired innovation consulting, explains this in "Exploring the Power of Cooperative Relationships in Nature." Dayna Baumeister, "Exploring the Power of Cooperative Relationships in Nature," Biomimicry 3.8, April 29, 2019, https://synapse.bio/blog/2017/10/9/why-nature-fosters-cooperation.

84. Peter Jacobs, "Decision Rights: Who Gives the Green Light?" Harvard Business School, August 8, 2005, https://hbswk.hbs.edu/item/decision-rights-who-gives-the-green-light.

參考資料

第一章

1. Devictor, Gregory. "Year 2002 Fun Facts, Trivia, and History." HobbyLark, June 7, 2024. https://hobbylark.com/party-games/2002-Fun-Facts-Trivia.
2. Dimitrievski, Marko. "33 Evolutionary Gaming Statistics of 2024." TrueList, February 17, 2024. https://truelist.co/blog/gaming-statistics/.
3. Hollis, Daniel. "Looking Back at the E3 That Delivered Xbox Backwards Compatibility." Pure Xbox, June 7, 2021. https://www.purexbox.com/news/2021/06/feature_looking_back_at_the_e3_that_delivered_xbox_backwards_compatibility.
4. Horrigan, John B., and Lee Rainie. "Main Report: The Broadband Difference." Pew Research Center, June 23, 2002. https://www.pewresearch.org/internet/2002/06/23/main-report-the-broadband-difference/.
5. Jasuja, Nick. "PlayStation 4 vs. Xbox One." Diffen. Accessed January 7, 2024. https://www.diffen.com/difference/PlayStation_4_vs_Xbox_One.
6. "Kinect." Wikipedia, February 1, 2024. https://en.wikipedia.org/wiki/Kinect#Sales.

7. Mehta, Kumar. *The Innovation Biome: A Sustained Business Environment Where Innovation Thrives*. Boston, MA: Harvard Business Review Press, 2017.

8. Spencer, Phil. "Building a Living and Learning Company Culture with Phil Spencer - DICE 2018." YouTube, IGN, February 21, 2018. Video, 45:09. https://www.youtube.com/watch?v=zXg1mEVwplw.

9. Ulunma. "Before Facebook There Was… Friendster? Yes, That's Right!" Digital Innovation and Transformation, March 21, 2020. https://d3.harvard.edu/platform-digit/submission/before-facebook-there-was-friendster-yes-thats-right/.

10. Watts, Steve. "Why Xbox Game Pass Is So Attractive for Devs, Whether It Cannibalizes Sales or Not." GameSpot, March 24, 2023. https://www.gamespot.com/articles/why-xbox-game-pass-is-so-attractive-for-devs-whether-it-cannibalizes-sales-or-not/1100-6512698/.

11. "Xbox." Encyclopedia Britannica, June 29, 2024. https://www.britannica.com/technology/Xbox.

第二章

1. 克雷頓・克里斯汀生（Christensen, Clayton M.），《創新的兩難》（*The Innovator's Dilemma*），商周出版，二〇二三年。

2. Cross, Marcus. "Top 5 Free & Premium Code Editors (Hand-Picked)." Crocoblock, January 15, 2024. https://crocoblock.com/blog/best-code-editors/.

3. "Eating Your Own Dog Food." Wikipedia, December 23, 2023. https://en.wikipedia.org/wiki/Eating_your_own_dog_food.

4. "Top IDE Index." Pypl.GitHub. Accessed December 2023. https://pypl.github.io/IDE.html.

第三章

1. "Good Design." Interaction Design Foundation. Accessed January 12, 2024. https://www.interaction-design.org/literature/topics/good-design.
2. "What Is Disruptive Innovation?" Harvard Business Review, December 2015. https://hbr.org/2015/12/what-is-disruptive-innovation.

第四章

1. "Brad Rutter." Wikipedia. Accessed January 7, 2024. https://en.wikipedia.org/wiki/Brad_Rutter.
2. "Committed to Our Culture." Microsoft Careers. Accessed February 23, 2024. https://careers.microsoft.com/v2/global/en/culture.
3. "Ken Jennings." Wikipedia. Accessed January 15, 2024. https://en.wikipedia.org/wiki/Ken_Jennings.
4. Linn, Allison. "Microsoft's Project Oxford Helps Developers Build More Intelligent Apps." Microsoft: The AI Blog, May 6, 2015. https://blogs.microsoft.com/ai/microsofts-project-oxford-helps-developers-build-more-intelligent-apps/.
5. "Microsoft Windows," Encyclopedia Britannica, July 2, 2024. https://www.britannica.com/technology/Microsoft-Windows.
6. Nikitina, Julia. "Cognitive Services Announced at //Build 2016: Azure Blog: Microsoft Azure." Microsoft Azure Blog, March 30, 2016. https://azure.microsoft.com/de-de/blog/cognitive-service-2016-03-30/.
7. Novet, Jordan. "Bill Gates Says Letting Android Win Mobile Was His 'Biggest Mistake' at Microsoft." CNBC, October 15, 2020. https://www.cnbc.com/2019/06/24/bill-gates-why-microsoft-missed-mobile-and-let-android-get-ahead.html.

8. Roach, John. "Microsoft Improves Facial Recognition to Perform Well Across All Skin Tones." Microsoft: The AI Blog, June 26, 2018. https://blogs.microsoft.com/ai/gender-skin-tone-facial-recognition-improvement/.
9. "Whole Earth Catalog." Wikipedia. Accessed February 23, 2024. https://en.wikipedia.org/wiki/Whole_Earth_Catalog#cite_note-4.

第五章

1. Dugan, Regina E., and Kaigham J. Gabriel. "Special Forces Innovation: How DARPA Attacks Problems." *Harvard Business Review*, October 2013. https://hbr.org/2013/10/special-forces-innovation-how-darpa-attacks-problems.
2. Gann, David. "Kodak Invented the Digital Camera - Then Killed It. Why Innovation Often Fails." World Economic Forum, June 23, 2016. https://www.weforum.org/agenda/2016/06/leading-innovation-through-the-chicanes/.
3. Garcia, Mariel. "An Open Letter to Microsoft: Drop Your $19.4 Million Ice Tech Contract." The Action Network. Accessed January 2, 2024. https://actionnetwork.org/petitions/an-open-letter-to-microsoft-drop-your-194-million-ice-tech-contract.
4. "Global Mobile Phone Shipments Top 1 Billion Units in 2006." Strategy Analytics, January 24, 2007. https://www4.strategyanalytics.com/default.aspx?mod=pressreleaseviewer &a0=3260.
5. Lazonick, William and Matt Hopkins. "How Intel Financialized and Lost Leadership in Semiconductor Fabrication." Institute for New Economic Thinking, July 7, 2021. https://www.ineteconomics.org/perspectives/blog/how-intel-financialized-and-lost-leadership-in-semiconductor-fabrication.
6. "Microsoft Research Timeline: 1991-2001." Microsoft News, September 5, 2001. https://news.microsoft.com/2001/09/05/microsoft-research-timeline-1991-2001/.

7. "The Meteoric Rise of Microsoft Research: An Oral History." Microsoft Research Blog, September 26, 2006. www.microsoft.com/en-us/research/blog/meteoric-rise-microsoft-research-oral-history.

8. "Xerox Alto." Wikipedia. Accessed January 23, 2024. https://en.wikipedia.org/wiki/Xerox_Alto.

第六章

1. Calore, Michael. "Sept. 28, 1998: Internet Explorer Leaves Netscape in Its Wake." Wired, September 28, 2009. https://www.wired.com/2009/09/0928ie-beats-netscape/.

2. Dean, Brian. "Microsoft Bing Usage and Revenue Stats (New Data)." Backlinko, February 27, 2024. https://backlinko.com/bing-users.

3. Eichenwald, Kurt. "Microsoft's Lost Decade." Vanity Fair, July 24, 2012. https://www.vanityfair.com/news/business/2012/08/microsoft-lost-mojo-steve-ballmer.

4. Google. "Google Announces First Quarter 2008 Results." News release. April 17, 2008. https://www.sec.gov/Archives/edgar/data/1288776/000119312508083665/dex991.htm.

5. Hansell, Saul. "Where Does Microsoft Want You to Go Today?; The New Strategy: Keep Web Surfers Busy with a Series of MSN Sites." *The New York Times*, November 16, 1998. https://www.nytimes.com/1998/11/16/business/where-does-microsoft-want-you-go-today-new-strategy-keep-web-surfers-busy-with.html.

6. Hughes, John and Lawrence Atkins. "GPT-4: How Does It Work?" Speechmatics, March 14, 2023. https://www.speechmatics.com/company/articles-and-news/gpt-4-how-does-it-work.

7. 賴瑞・基利（Keeley, Larry）、海倫・華特斯（Helen Walters）、萊恩・皮可（Ryan Pikkel）、布萊恩・昆恩（Brian Quinn），《創新的十個原點》（*Ten Types of Innovation*），天下雜誌，二〇一六年。

8. Kamali, Kaveh. "The Revolution of Deep Learning in 2012: A Paradigm Shift in Artificial Intelligence." Medium, September 22, 2023. https://medium.com/@kaveh.kamali/the-revolution-of-deep-learning-in-2012-a-paradigm-shift-in-artificial-intelligence-d4fdbfa87a42.
9. Microsoft. *Annual Report 2006*. Redmond, WA: Microsoft, 2006. https://www.microsoft.com/investor/reports/ar06/staticversion/10k_dl_dow.html.
10. Mehdi, Yusuf. "Confirmed: The New Bing Runs on OpenAI's GPT-4." Microsoft Bing Blog, March 14, 2023. https://blogs.bing.com/search/march_2023/Confirmed-the-new-Bing-runs-on-OpenAI E2%80%99s-GPT-4.
11. Routley, Nick. "Internet Browser Market Share (1996–2019)." Visual Capitalist, January 20, 2020. https://www.visualcapitalist.com/internet-browser-market-share/.
12. "Search Engine Market Share Worldwide." Statcounter Global Stats. Accessed January 7, 2024. https://gs.statcounter.com/search-engine-market-share#monthly-201201-201212.
13. "Sergey Brin and Larry Page." Lemelson MIT. Accessed February 22, 2024. https://lemelson.mit.edu/resources/sergey-brin-and-larry-page.
14. "Top Search Engine Market Share in March 2022." Similarweb. Accessed February 22, 2024. https://www.similarweb.com/engines/.

第七章

1. Bailey, Regina. "Guide to the Six Kingdoms of Life." ThoughtCo, May 19, 2024. https://www.thoughtco.com/six-kingdoms-of-life-373414.
2. Crampton, Natasha. "Reflecting on Our Responsible AI Program: Three Critical Elements for Progress." Microsoft On the Issues, May 1, 2023. https://blogs.microsoft.com/on-the-issues/2023/05/01/responsible-

ai-standards-principles-governance-progress/.

3. Cser, Tamas. "The Cost of Finding Bugs Later in the SDLC." Functionize, January 5, 2023. https://www.functionize.com/blog/the-cost-of-finding-bugs-later-in-the-sdlc
4. Dhanani, Roma. "The History of Regenerative Sustainability." Akepa, November 17, 2023. https://thesustainableagency.com/blog/the-history-of-regeneration-and-regenerative-sustainability/.
5. Grassroots Carbon. "Grassroots Carbon to Provide Microsoft with Soil Carbon Storage Credits." PR Newswire, January 30, 2024. https://www.prnewswire.com/news-releases/grassroots-carbon-to-provide-microsoft-with-soil-carbon-storage-credits-302045925.html.
6. Nakagawa, Melanie. "On the Road to 2030: Our 2022 Environmental Sustainability Report." Microsoft On the Issues, May 10, 2023. https://blogs.microsoft.com/on-the-issues/2023/05/10/2022-environmental-sustainability-report/.
7. "OpenAI Charter." OpenAI. Accessed April 9, 2018. https://openai.com/charter.
8. Sullivan, Mark. "Satya Nadella: 'Absolutely, Tech Does Owe Something Back to Society.'" *Fast Company*, April 7, 2020. https://www.fastcompany.com/90486051/satya-nadella-absolutely-tech-does-owe-something-back-to-the-society.
9. "Supply Chains Hold the Key to One Gigaton of Emissions Savings, Finds New Report." CDP, December 9, 2019. https://www.cdp.net/en/articles/media/supply-chains-hold-the-key-to-one-gigaton-of-emissions-savings-finds-new-report.
10. "The Circular Economy in Detail." Ellen MacArthur Foundation. Accessed January 15, 2024. https://www.ellenmacarthurfoundation.org/the-circular-economy-in-detail-deep-dive.

第八章

1. Argyris, Chris. “Teaching Smart People How to Learn,” *Harvard Business Review* 69, no. 3 (May 1991): 99-109. http://pds8.egloos.com/pds/200805/20/87/chris_argyris_learning.pdf.
2. “Harnessing Right Speech: The Transformative Power of Words for a Brighter Tomorrow.” FDCW, August 30, 2023. https://compassionandwisdom.org/harnessing-right-speech/
3. Sheppard, Benedict, Hugo Sarrazin, Garen Kouyoumjian, and Fabricio Dore. “The Business Value of Design.” McKinsey & Company, October 25, 2018. https://www.mckinsey.com/capabilities/mckinsey-design/our-insights/the-business-value-of-design.

第九章

1. “Adaptive Cycle.” Resilience Alliance. Accessed February 25, 2024. https://www.resalliance.org/adaptive-cycle.
2. Carpenter, Stephen R., and William A. Brock. “Adaptive Capacity and Traps.” *Ecology and Society* 13, no. 2, (2008). http://www.jstor.org/stable/26267995.
3. Flynn, Jack. “16 Amazing Agile Statistics [2023]: What Companies Use Agile Methodology.” Zippia, November 27, 2022. https://www.zippia.com/advice/agile-statistics/.
4. 本・霍羅維茲（Ben Horowitz），《什麼才是經營最難的事？》（*The Hard Thing About Hard Things*），天下文化，二〇一八。
5. Perkin, Neil. “A Structure for Continuous Innovation: Pioneers, Settlers, Town Planners.” Medium, September 4, 2017. https://medium.com/building-the-agile-business/a-structure-for-continuous-innovation-pioneers-settlers-town-planners-2f33be932179.

6. "Translating Nature's Intelligence Into Pathways for Cultural Evolution." Biomimicry for Social Innovation. Accessed February 25, 2024. https://bsisocial.org/.
7. "What Is Biomimicry?" Biomimicry Institute. Accessed February 21, 2023. https://biomimicry.org/what-is-biomimicry/.
8. Zaman, Rokon. "Innovation S-Curve — Episodic Evolution." THE WAVES, November 30, 2023. https://www.the-waves.org/2022/03/13/innovation-s-curve-episodic-innovation-evolution/.

第十章

1. "3Cs Model." Wikipedia, September 5, 2020. https://en.wikipedia.org/wiki/3Cs_model.
2. "Know What Really Motivates People?" White Rhino. Accessed February 25, 2024. https://www.whiterhino.com/about.
3. Sivers, Derek. "First Follower: Leadership Lessons from Dancing Guy." YouTube, Derek Sivers, February 11, 2010. Video, 2:57. https://www.youtube.com/watch?v=fW8amMCVAJQ.
4. "The Transtheoretical Model (Stages of Change)." Boston University School of Public Health. Accessed February 25, 2024. https://sphweb.bumc.bu.edu/otlt/MPH-Modules/SB/BehavioralChangeTheories/BehavioralChangeTheories6.html.
5. Vlaskovits, Patrick. "Henry Ford, Innovation, and That 'Faster Horse' Quote." *Harvard Business Review*, August 29, 2011. https://hbr.org/2011/08/henry-ford-never-said-the-fast.

第十一章

1. Baumeister, Dayna. "Exploring the Power of Cooperative Relationships in Nature." Biomimicry 3.8,

April 29, 2019. https://synapse.bio/blog/2017/10/9/why-nature-fosters-cooperation.

2. Duchene, Kate, and Antonio Nieto-Rodriquez. "Creating a Cohesive Team for Corporate Transformation Projects." *Harvard Business Review*, September 29, 2023. https://hbr.org/2023/09/creating-a-cohesive-team-for-corporate-transformation-projects.

3. Jacobs, Peter. "Decision Rights: Who Gives the Green Light?" Harvard Business School, August 8, 2005. https://hbswk.hbs.edu/item/decision-rights-who-gives-the-green-light.

4. Schuster, Gavriella. "Inspired and Powered by Partners." Official Microsoft Blog, February 5, 2019. https://blogs.microsoft.com/blog/2019/02/05/inspired-and-powered-by-partners/.

5. Wladawsky-Berger, Irving. "It's All About Business Model Innovation, not New Technology." *Wall Street Journal*, November 2, 2018. https://www.wsj.com/articles/its-all-about-business-model-innovation-not-new-technology-1541185215.

新商業周刊叢書 BW0872

微軟創新解密

成立半世紀的科技巨頭，從Xbox到Bing的策略布局與進化之路

原文書名／The Insider's Guide to Innovation at Microsoft
作　　者／迪恩・卡里南（Dean Carignan）、喬安・加賓（JoAnn Garbin）
譯　　者／謝明珊
責任編輯／黃鈺雯
企劃選書／黃鈺雯
版　　權／吳亭儀、顏慧儀、江欣瑜、游晨瑋
行銷業務／周佑潔、林秀津、林詩富、吳藝佳、吳淑華

國家圖書館出版品預行編目(CIP)數據

微軟創新解密：成立半世紀的科技巨頭,從Xbox到Bing的策略布局與進化之路 / 迪恩.卡里南(Dean Carignan), 喬安.加賓(JoAnn Garbin)著；謝明珊譯. -- 初版. -- 臺北市：商周出版：英屬蓋曼群島商家庭傳媒股份有限公司城邦分公司發行, 2025.07
面；　公分. --(新商業周刊叢書；BW0872)
譯自：The insider's guide to innovation at Microsoft
ISBN 978-626-390-549-8(平裝)

1.CST: 微軟公司(Microsoft Corporation) 2.CST: 資訊軟體業 3.CST: 創造力

484.67　　114006139

總　編　輯／陳美靜
總　經　理／賈俊國
事業群總經理／黃淑貞
發　行　人／何飛鵬
法律顧問／元禾法律事務所　王子文律師
出　　版／商周出版　115台北市南港區昆陽街16號4樓
電話：(02)2500-7008　傳真：(02)2500-7579
E-mail：bwp.service@cite.com.tw
發　　行／英屬蓋曼群島商家庭傳媒股份有限公司　城邦分公司
115台北市南港區昆陽街16號8樓
讀者服務專線：0800-020-299　24小時傳真服務：(02)2517-0999
讀者服務信箱：service@readingclub.com.tw
劃撥帳號：19833503
戶名：英屬蓋曼群島商家庭傳媒股份有限公司城邦分公司
香港發行所／城邦（香港）出版集團有限公司
香港九龍土瓜灣土瓜灣道86號順聯工業大廈6樓A室
電話：(852)2508-6231　傳真：(852)2578-9337
E-mail：hkcite@biznetvigator.com
馬新發行所／城邦（馬新）出版集團 Cite (M) Sdn Bhd
41, Jalan Radin Anum, Bandar Baru Sri Petaling, 57000 Kuala Lumpur, Malaysia.
電話：(603)9056-3833　傳真：(603)9057-6622
E-mail：services@cite.my

封面設計／柯俊仰　　內文排版／無私設計・洪偉傑　　印刷／鴻霖印刷傳媒股份有限公司
經　銷　商／聯合發行股份有限公司　電話：(02)2917-8022　傳真：(02) 2911-0053
地址：新北市231新店區寶橋路235巷6弄6號2樓

ISBN／978-626-390-549-8（紙本）　978-626-390-548-1（EPUB）
定價／450元（紙本）　315元（EPUB）

城邦讀書花園
www.cite.com.tw

2025年7月初版